Ab 7. Schuljahr

Friedhelm Heitmann

Quadratische Funktionen & Gleichungen ... kinderleicht

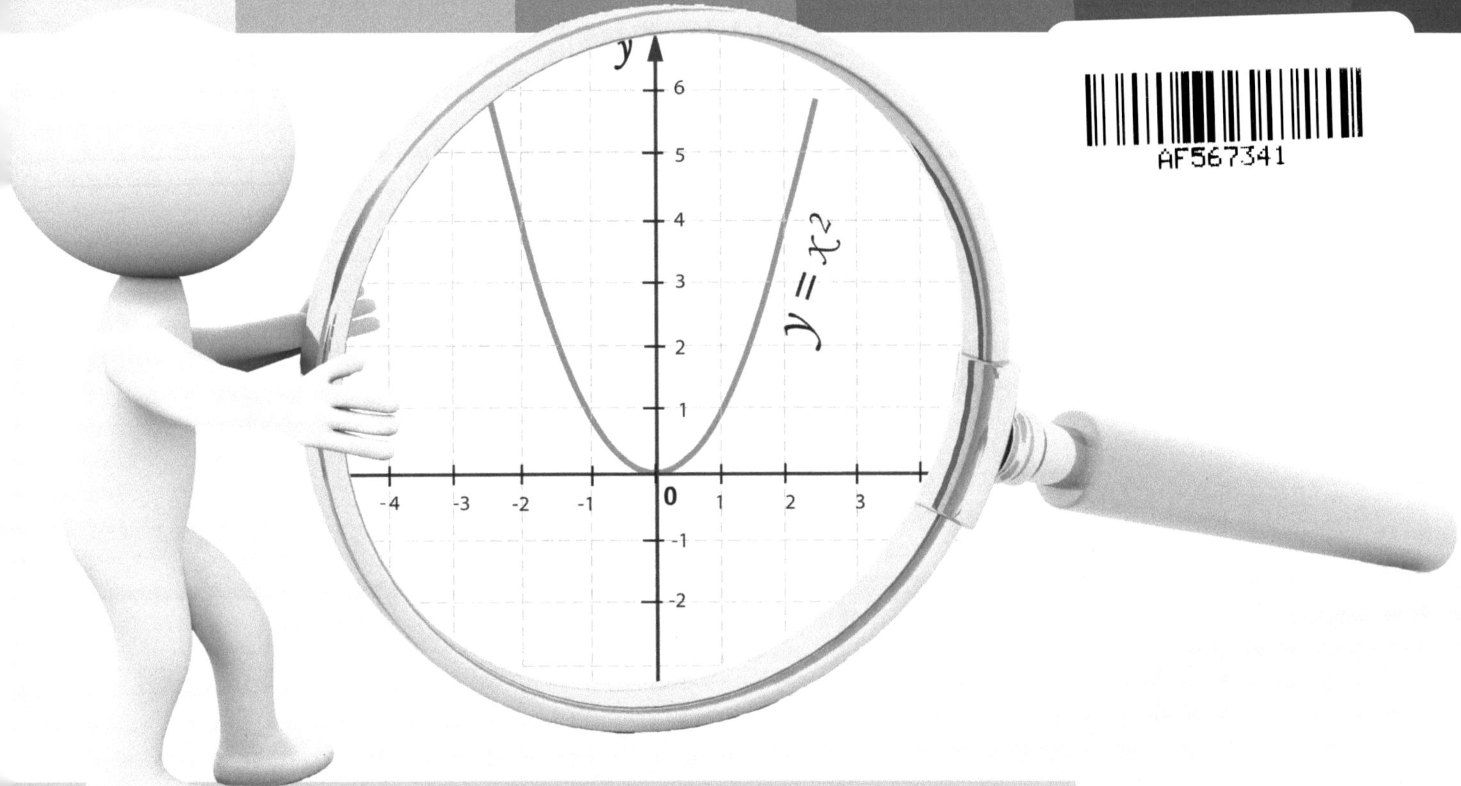

Kleinschrittig, Regeln, Zusammenhänge, Aufgaben

www.kohlverlag.de

Quadratische Funktionen & Gleichungen
... *kinderleicht*

6. Auflage 2025

Inhalt: Friedhelm Heitmann
Umschlagbild: © fotolia.com
Cliparts: © clipart.com
Grafik & Satz: Kohl-Verlag
Druck: Elanders Druck, Waiblingen

Bildquellen:
Seite 7, 8: © clipart.com; Seite 9-20, 37-43: © picsfive - AdobeStock.com; Seite 64, 65: © krung99 - AdobeStock.com; Seite 68-71: © picsfive - AdobeStock.com; Seite 76: © camiloernesto - AdobeStock.com; Seite 78, 79: © PixlMakr, designer_an - AdobeStock.com; Seite 80, 81: © Igor Strukov, designer_an - AdobeStock.com; Seite 82, 83: © klenger - AdobeStock.com; Seite 105: © picsfive - AdobeStock.com; Seite 106: © clipart.com; Seite 107, 108: © picsfive - AdobeStock.com; Seite 121: © clipart.com

Bestell-Nr. 12 105

ISBN: 978-3-95686-454-4

Kontakt: Kohl-Verlag, An der Brennerei 37-45, 50170 Kerpen
Tel: +49 2275 331610, Mail: info@kohlverlag.de

Inhalt

Teil 1: Quadratische Funktionen

[Sämtliche Graphen in diesem Heft wurden mit dem Programm „MatheGraphix 11.0“ von Roland Hammes entworfen und gestaltet.]

Inhalt

Vorwort

Liebe Kolleginnen, liebe Kollegen,

der vorliegende Band befasst sich ausführlich mit quadratischen Funktionen und Gleichungen. Ausgerichtet am Grundsatz „Mathematik (leicht) verständlich unterrichten“ sind Zielsetzungen des Bandes, grundlegende Kenntnisse zu quadratischen Funktionen sowie Gleichungen zu vermitteln, zu festigen und zu überprüfen. Außer vielfältigen Info(rmations)- und Arbeitsblättern enthält die dargebotene Materialsammlung 3 Tests, die auch als Klassenarbeiten dienen können. Im Test I geht es um Normalparabeln, im Test II um gestreckte und gestauchte Parabeln sowie im Test III um quadratische Gleichungen.

Die präsentierte Materialsammlung ist bestimmt für den Einsatz in der Sekundarstufe I, wo sie je nach Leistungsvermögen der Schüler(innen) und gemäß den jeweiligen Lehr- bzw. Bildungspläne in verschiedenen Klassenstufen benutzt werden kann. Alle präsentierten Materialien gingen aus meiner langjährigen Unterrichtstätigkeit als Lehrer hervor. Die Materialsammlung ist als Ganzes kompakt im Mathematikunterricht einsetzbar. Aber auch einzelne aus der Materialsammlung ganz gezielt ausgewählte Blätter sind im Unterricht verwendbar.

Beim Einsatz der Materialien wünschen Ihnen viel Erfolg das Team des Kohl-Verlags und

Friedhelm Heitmann

1 Quadratische Funktionen – Einführung in das Thema

Der Flächeninhalt von Quadraten wird bekanntlich berechnet nach der Formel:

$A = a \cdot a = a^2$ (Quadrat mit Seitenlänge a, Fläche A)

Aufgabe 1: *Berechne jeweils den Flächeninhalt der folgenden 5 gezeichneten Quadrate.*

A (1 cm × 1 cm) **A =**

A = (2 cm × 2 cm)

A = (3 cm × 3 cm)

A = (4 cm × 4 cm)

A = (5 cm × 5 cm)

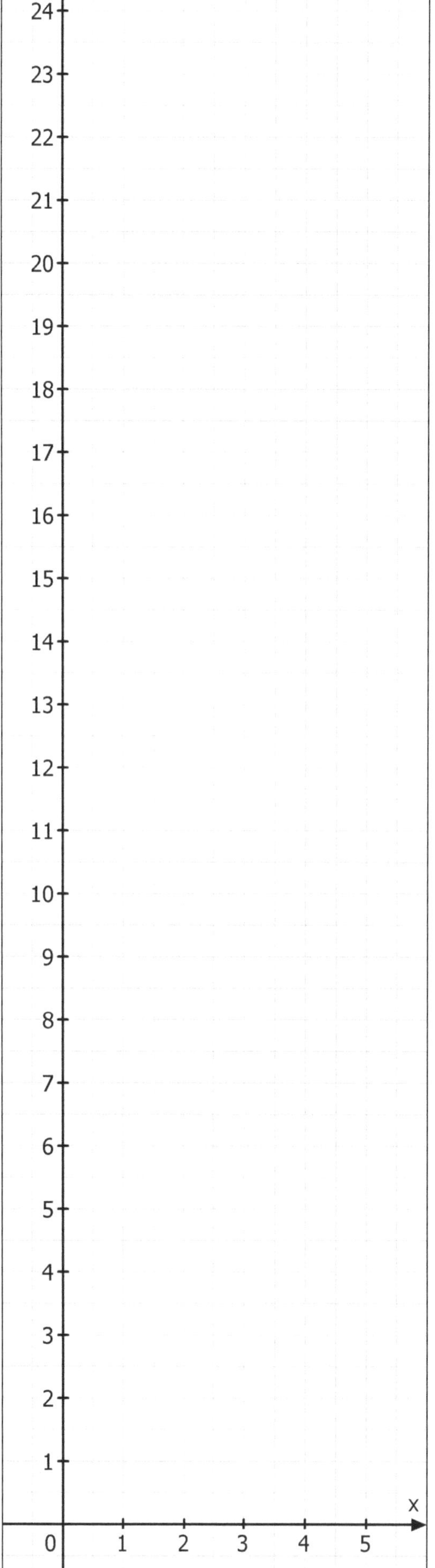

Aufgabe 2: *Übertrage die Werte aus Aufgabe 1 in das Koordinatensystem. Dabei soll jeweils die Seitenlänge der Quadrate der x-Wert sein, die jeweilige Flächengröße der Quadrate der y-Wert. Verbinde im Koordinatensystem die eingetragenen Punkte zu einem Graphen.*

Aufgabe 3: *Was stellst du fest, wenn du den Verlauf des Graphen betrachtet hast? Wie verändern sich die y-Werte im Vergleich zu den x-Werten? Welche Formel gibt es (wohl) dafür?*

KOHL VERLAG Quadratische Funktionen und Gleichungen - Bestell-Nr. 12 105

1 Quadratische Funktionen – Einführung in das Thema

Lösungen

Der Flächeninhalt von Quadraten wird bekanntlich berechnet nach der Formel:

$A = a \cdot a = a^2$ (Quadrat mit Fläche A und Seitenlänge a)

Aufgabe 1: *Berechne jeweils den Flächeninhalt der folgenden 5 gezeichneten Quadrate.*

Quadrat 1 cm × 1 cm: **A = 1 cm²**

Quadrat 2 cm × 2 cm: **A = 4 cm²**

Quadrat 3 cm × 3 cm: **A = 9 cm²**

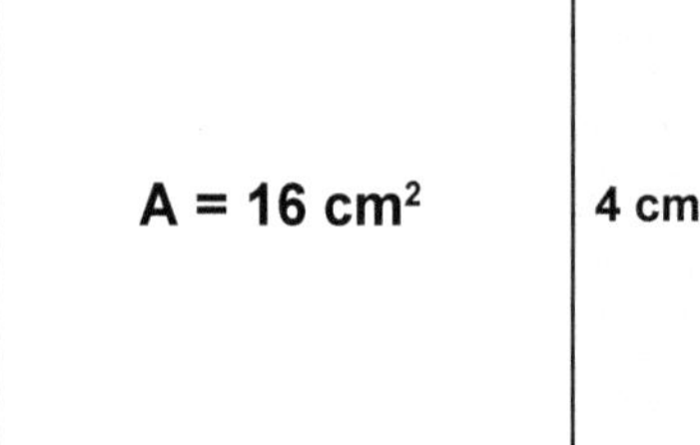

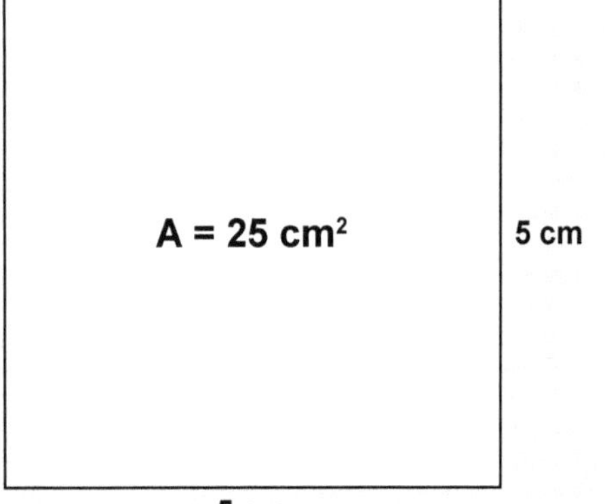

Aufgabe 2: *Übertrage die Werte aus der 1. Aufgabe in das Koordinatensystem. Dabei soll jeweils die Seitenlänge der Quadrate der x-Wert sein, die jeweilige Flächengröße der Quadrate der y-Wert. Verbinde im Koordinatensystem die eingetragenen Punkte zu einem Graphen.*

Aufgabe 3: *Der Graph verläuft* ***nicht gerade*** *(wie bei linearen Funktionsgleichungen), sondern kurvenförmig. Der y-Wert nimmt viel schneller zu als der x-Wert. Die Formel für das Verhältnis zwischen den y-Werten und den x-Werten ist:*

$\boldsymbol{y = x \cdot x = x^2}$

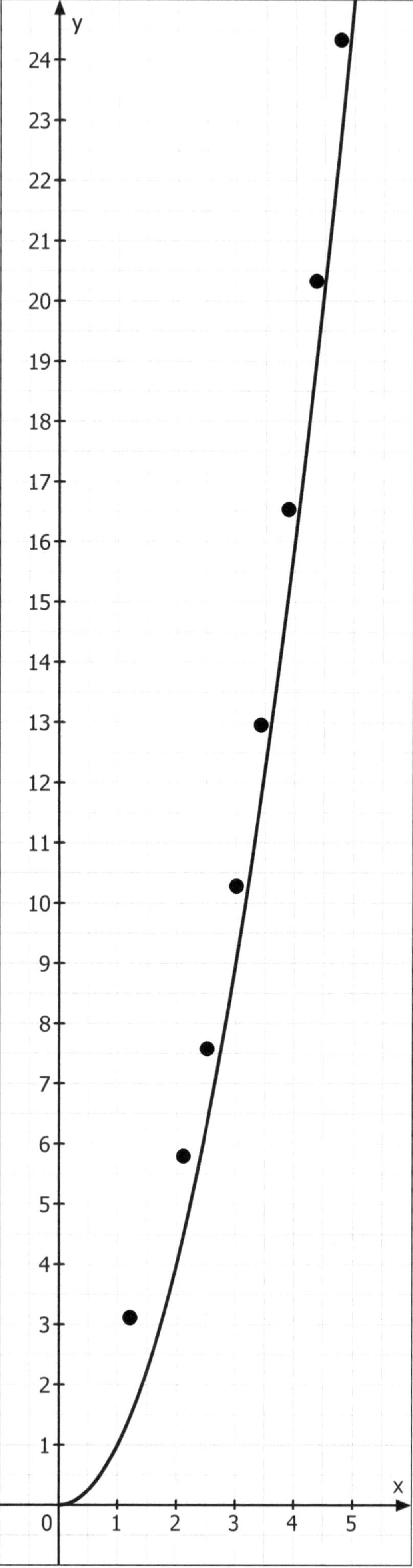

2 Die Funktionsgleichung $y = x^2$

Im kartesischen Koordinatensystem ist jedem x-Wert ein bestimmter y-Wert zugeordnet.
Wir betrachten die Funktionsgleichung $y = x^2$.
x^2 bedeutet $x \cdot x$

Aufgabe 1:
Berechne zu folgenden x-Werten die y-Werte und notiere sie in der Wertetabelle.

x	y
0	
1	
2	
3	
4	
5	
-1	
-2	
-3	
-4	
-5	

Aufgabe 2:
Berechne nun zu diesen x-Werten die y-Werte und notiere sie in der Wertetabelle.

x	y
0,5	
1,5	
2,5	
3,5	
4,5	
-0,5	
-1,5	
-2,5	
-3,5	
-4,5	

Aufgabe 3:
Trage jetzt die Koordinaten (= x- und zugehörige y-Werte) in das kartesische Koordinatensystem ein und verbinde die einzelnen Punkte mit einem Kurvenlineal.

Aufgabe 4:
Beschreibe auf der Rückseite, wie der Graph der Funktionsgleichung $y = x^2$ verläuft. Welche Linie teilt den Graphen in 2 Teile auf?

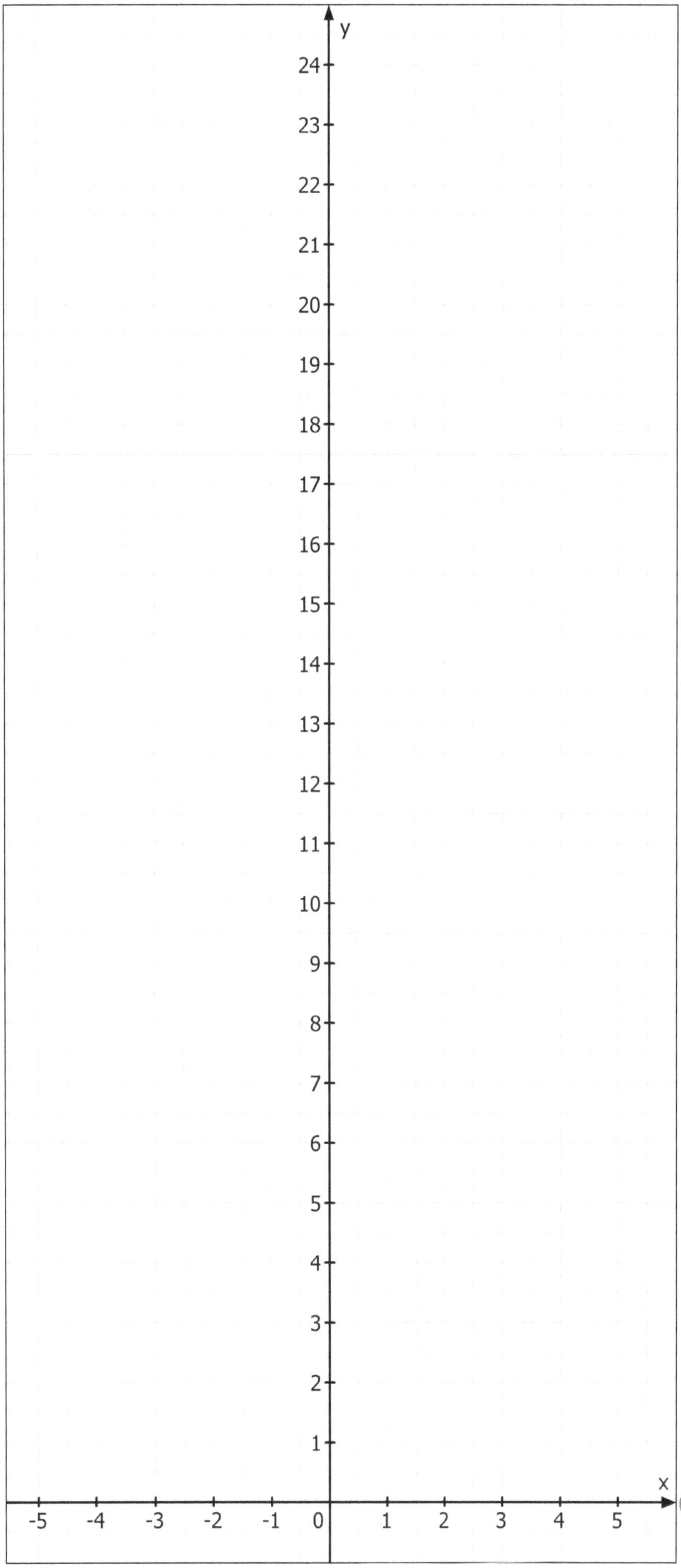

y
24
23
22
21
20
19
18
17
16
15
14
13
12
11
10
9
8
7
6
5
4
3
2
1
x
-5 -4 -3 -2 -1 0 1 2 3 4 5

KOHL VERLAG Quadratische Funktionen und Gleichungen - Bestell-Nr. 12 105

2 Die Funktionsgleichung $y = x^2$

Lösungen

Im kartesischen Koordinatensystem ist jedem x-Wert ein bestimmter y-Wert zugeordnet.
Wir betrachten die Funktionsgleichung $y = x^2$.
x^2 bedeutet $x \cdot x$

Aufgabe 1:
Berechne zu folgenden x-Werten die y-Werte und notiere sie in der Wertetabelle.

x	y
0	**0**
1	**1**
2	**4**
3	**9**
4	**16**
5	**25**
-1	**1**
-2	**4**
-3	**9**
-4	**16**
-5	**25**

Aufgabe 2:
Berechne nun zu diesen x-Werten die y-Werte und notiere sie in der Wertetabelle.

x	y
0,5	**0,25**
1,5	**2,25**
2,5	**6,25**
3,5	**12,25**
4,5	**20,25**
-0,5	**0,25**
-1,5	**2,25**
-2,5	**6,25**
-3,5	**12,25**
-4,5	**20,25**

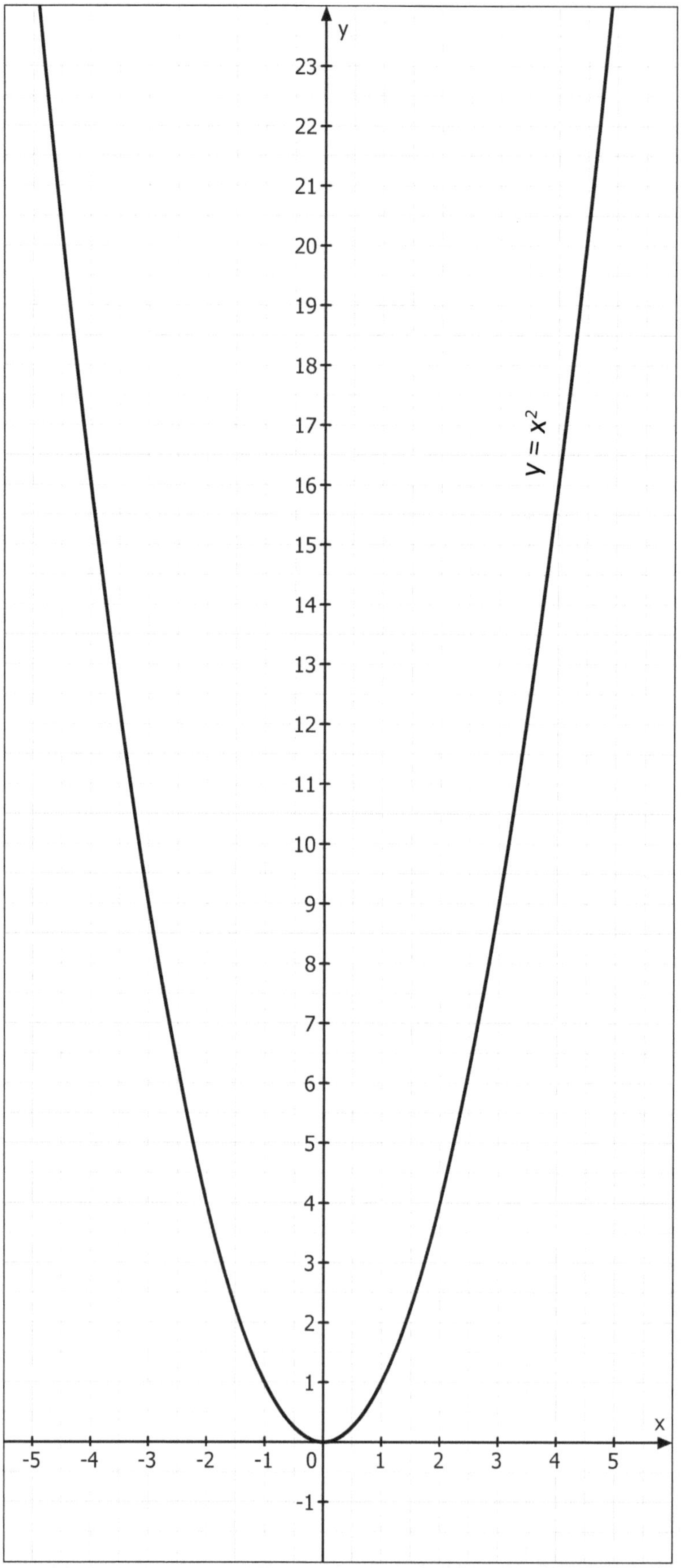

Aufgabe 3:
Trage jetzt die Koordinaten (= x- und zugehörige y-Werte) in das kartesische Koordinatensystem ein und verbinde die einzelnen Programmpunkte mit einem Kurvenlineal.

$y = x^2$

Aufgabe 4:
Vom Nullpunkt (0/0) aus steigt der Graph auf der linken und rechten Seite zunehmend an. Der Nullpunkt ist der tiefste Punkt des Graphen, der kurvenförmig verläuft. Die y-Achse (= Symmetrieachse) teilt den Graphen in 2 Teile auf, die zueinander symmetrisch sind. Das heißt: Die linke Hälfte und die rechte Hälfte des Graphen bilden zueinander das Spiegelbild.

3 Ergänzung von Werten in Wertetabellen

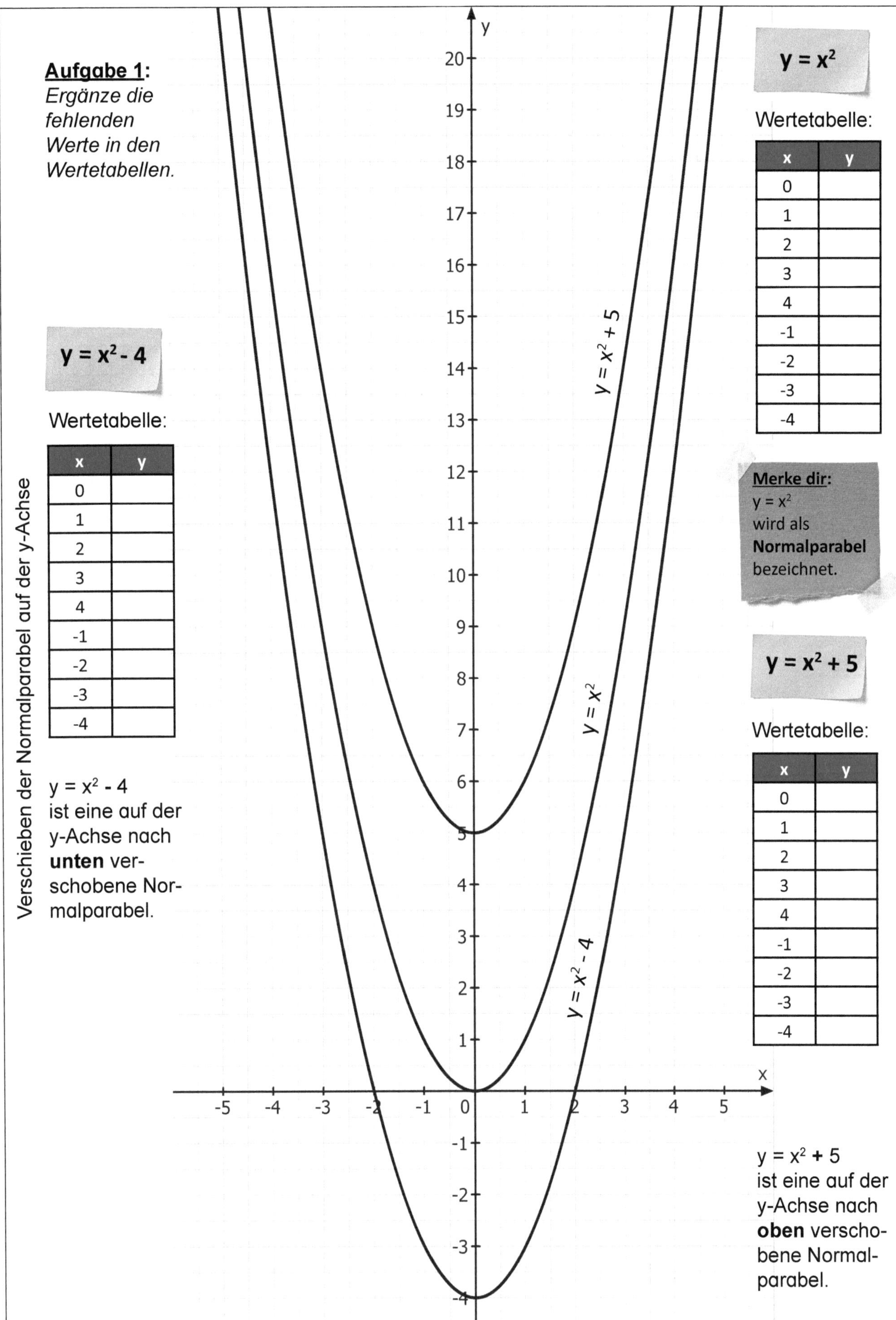

Verschieben der Normalparabel auf der y-Achse

Aufgabe 1:
Ergänze die fehlenden Werte in den Wertetabellen.

$y = x^2 - 4$

Wertetabelle:

x	y
0	
1	
2	
3	
4	
-1	
-2	
-3	
-4	

$y = x^2$ **- 4** ist eine auf der y-Achse nach **unten** verschobene Normalparabel.

$y = x^2$

Wertetabelle:

x	y
0	
1	
2	
3	
4	
-1	
-2	
-3	
-4	

Merke dir:
$y = x^2$ wird als **Normalparabel** bezeichnet.

$y = x^2 + 5$

Wertetabelle:

x	y
0	
1	
2	
3	
4	
-1	
-2	
-3	
-4	

$y = x^2$ **+ 5** ist eine auf der y-Achse nach **oben** verschobene Normalparabel.

KOHL VERLAG Quadratische Funktionen und Gleichungen - Bestell-Nr. 12 105

3 Ergänzung von Werten in Wertetabellen

Lösungen

Aufgabe 1: *Ergänze die fehlenden Werte in den Wertetabellen.*

Verschieben der Normalparabel auf der y-Achse

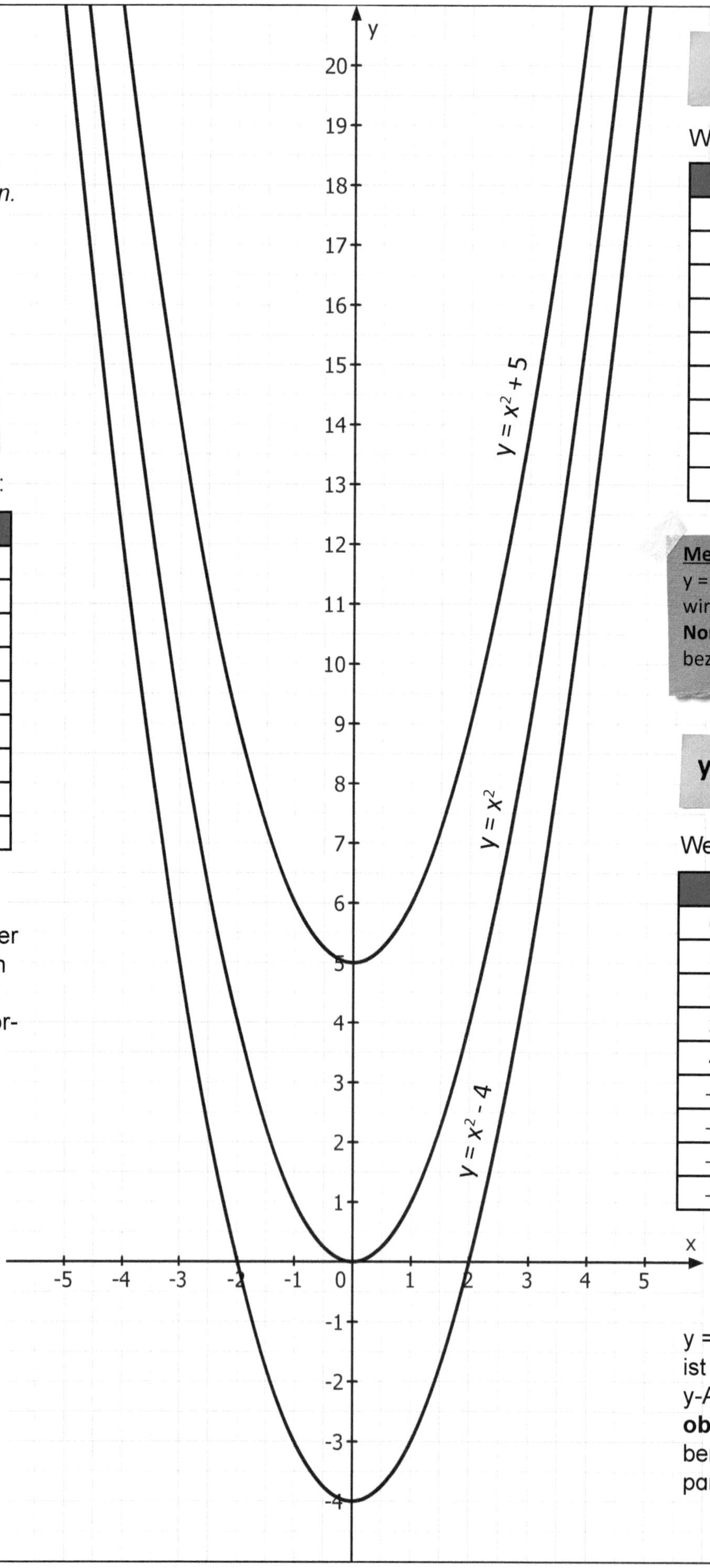

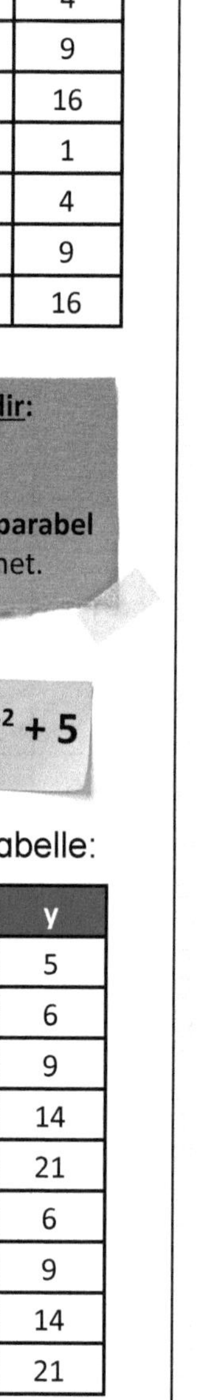

$y = x^2$

Wertetabelle:

x	y
0	0
1	1
2	4
3	9
4	16
-1	1
-2	4
-3	9
-4	16

Merke dir:
$y = x^2$
wird als **Normalparabel** bezeichnet.

$y = x^2 - 4$

Wertetabelle:

x	y
0	-4
1	-3
2	0
3	5
4	12
-1	-3
-2	0
-3	5
-4	12

$y = x^2 - 4$ ist eine auf der y-Achse nach **unten** verschobene Normalparabel.

$y = x^2 + 5$

Wertetabelle:

x	y
0	5
1	6
2	9
3	14
4	21
-1	6
-2	9
-3	14
-4	21

$y = x^2 + 5$ ist eine auf der y-Achse nach **oben** verschobene Normalparabel.

4 Erstellen von Wertetabellen und Zeichnen von Graphen

180°-Drehung und Verschieben der Normalparabel auf der y-Achse

Aufgabe 1:
Stelle jeweils eine Wertetabelle auf und zeichne den jeweiligen Graphen der Funktionsgleichungen:

a) *$y = -x^2 + 3$*
b) *$y = -x^2 - 2$*

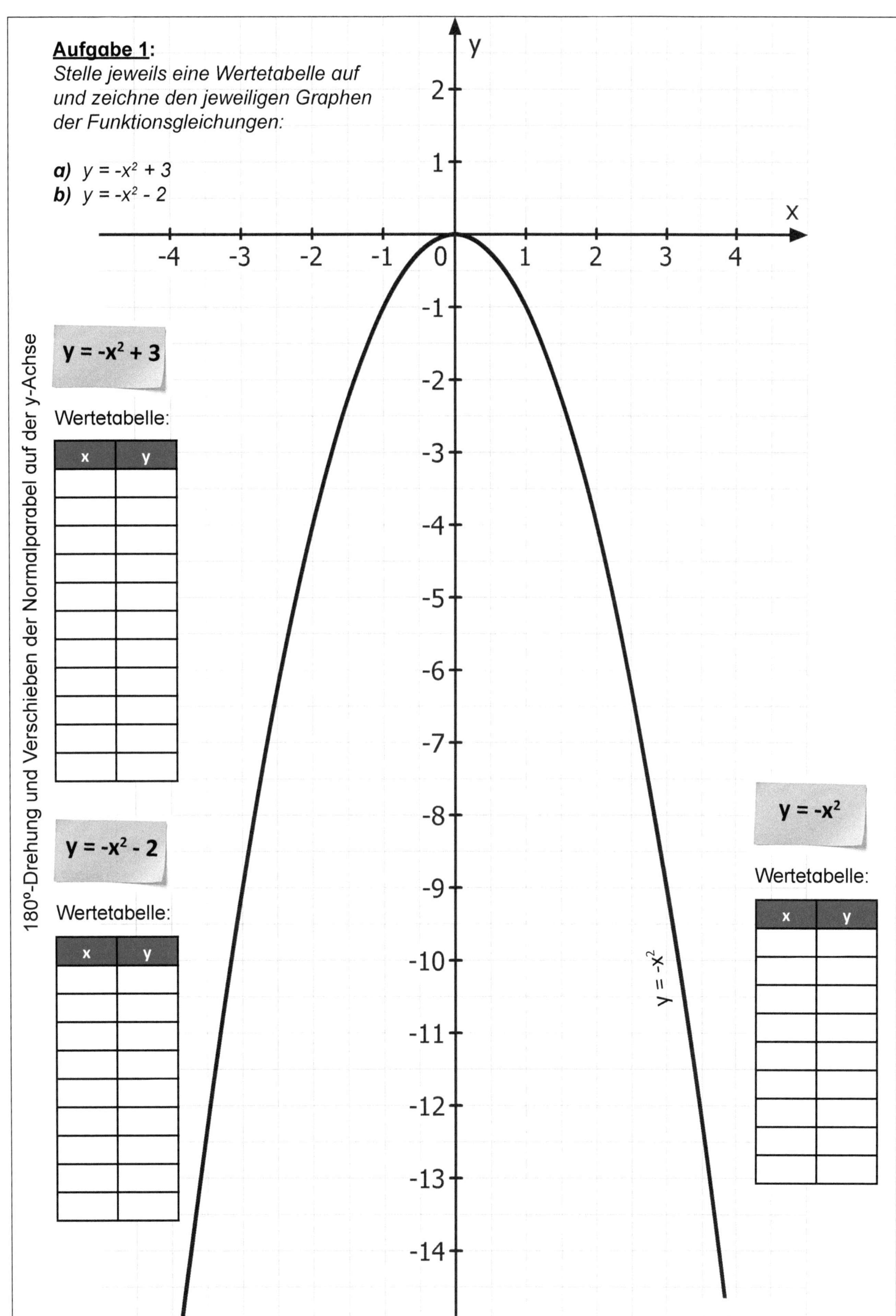

$y = -x^2 + 3$

Wertetabelle:

x	y

$y = -x^2 - 2$

Wertetabelle:

x	y

$y = -x^2$

Wertetabelle:

x	y

KOHL VERLAG Quadratische Funktionen und Gleichungen - Bestell-Nr. 12 105

4 Erstellen von Wertetabellen und Zeichnen von Graphen

Lösungen

Aufgabe 1:
Stelle jeweils eine Wertetabelle auf und zeichne den jeweiligen Graphen der Funktionsgleichungen:

a) $y = -x^2 + 3$
b) $y = -x^2 - 2$

180°-Drehung und Verschieben der Normalparabel auf der y-Achse

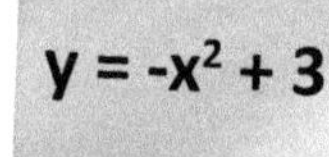

Wertetabelle:

x	y
1	2
2	-1
3	-6
4	-13
5	-22
0	3
-1	2
-2	-1
-3	-6
-4	-13
-5	-22

$y = -x^2 - 2$

Wertetabelle:

x	y
1	-3
2	-6
3	-11
4	-18
0	-2
-1	-3
-2	-6
-3	-11
-4	-18

$y = -x^2$

Wertetabelle:

x	y
1	-1
2	-4
3	-9
4	-16
0	0
-1	-1
-2	-4
-3	-9
-4	-16

y
x
$y = -x^2 + 3$
$y = -x^2 - 2$
$y = -x^2$

4 Erstellen von Wertetabellen und Zeichnen von Graphen

Verschieben der Normalparabel auf der x-Achse

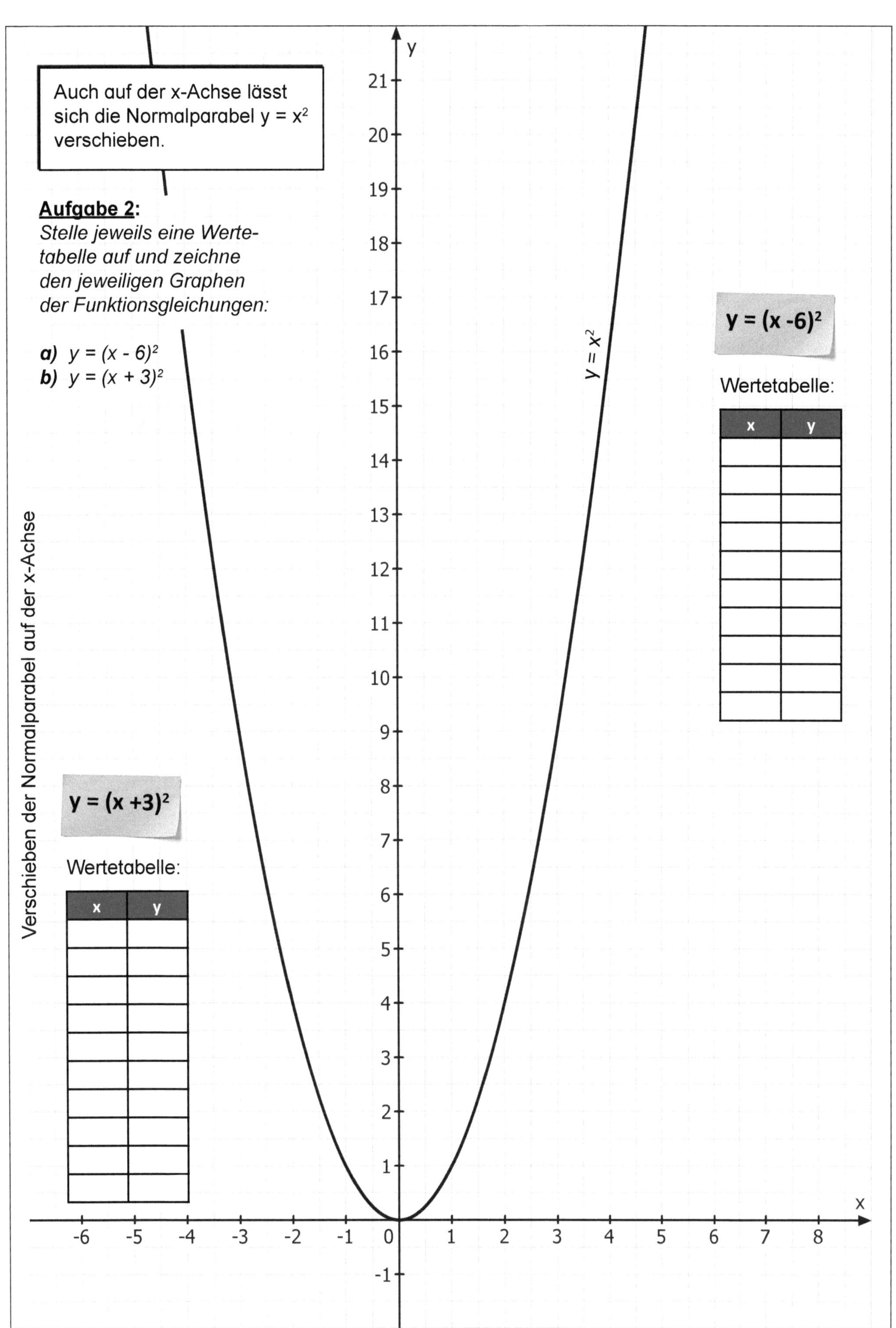

Auch auf der x-Achse lässt sich die Normalparabel $y = x^2$ verschieben.

Aufgabe 2:
Stelle jeweils eine Wertetabelle auf und zeichne den jeweiligen Graphen der Funktionsgleichungen:

a) *$y = (x - 6)^2$*
b) *$y = (x + 3)^2$*

$y = (x - 6)^2$

Wertetabelle:

x	y

$y = (x + 3)^2$

Wertetabelle:

x	y

4 Erstellen von Wertetabellen und Zeichnen von Graphen

Lösungen

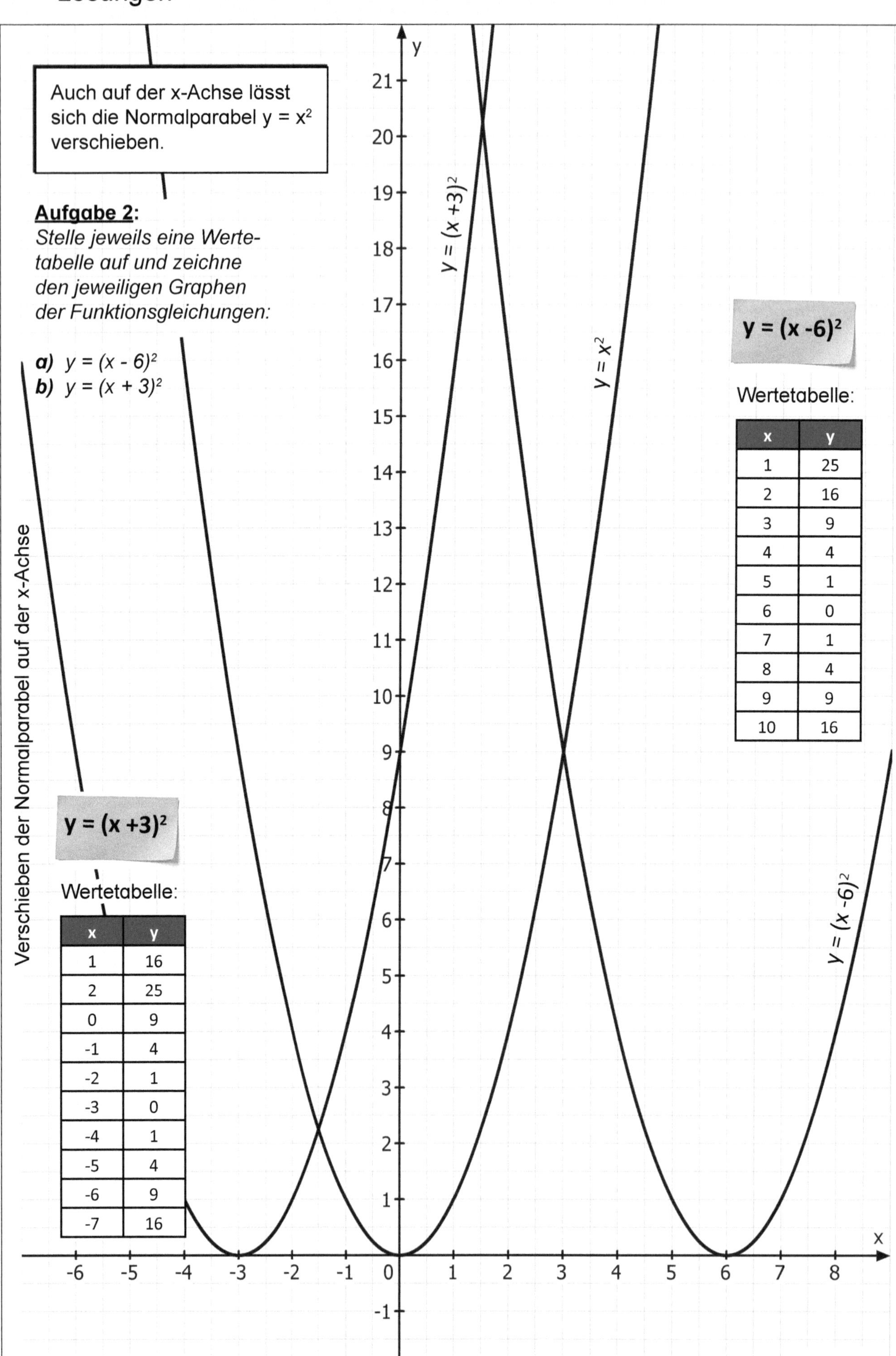

Auch auf der x-Achse lässt sich die Normalparabel $y = x^2$ verschieben.

Aufgabe 2:
Stelle jeweils eine Wertetabelle auf und zeichne den jeweiligen Graphen der Funktionsgleichungen:

a) $y = (x - 6)^2$
b) $y = (x + 3)^2$

Verschieben der Normalparabel auf der x-Achse

$y = (x + 3)^2$

Wertetabelle:

x	y
1	16
2	25
0	9
-1	4
-2	1
-3	0
-4	1
-5	4
-6	9
-7	16

$y = (x - 6)^2$

Wertetabelle:

x	y
1	25
2	16
3	9
4	4
5	1
6	0
7	1
8	4
9	9
10	16

KOHL VERLAG Quadratische Funktionen und Gleichungen - Bestell-Nr. 12 105

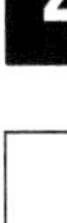

Erstellen von Wertetabellen und Zeichnen von Graphen

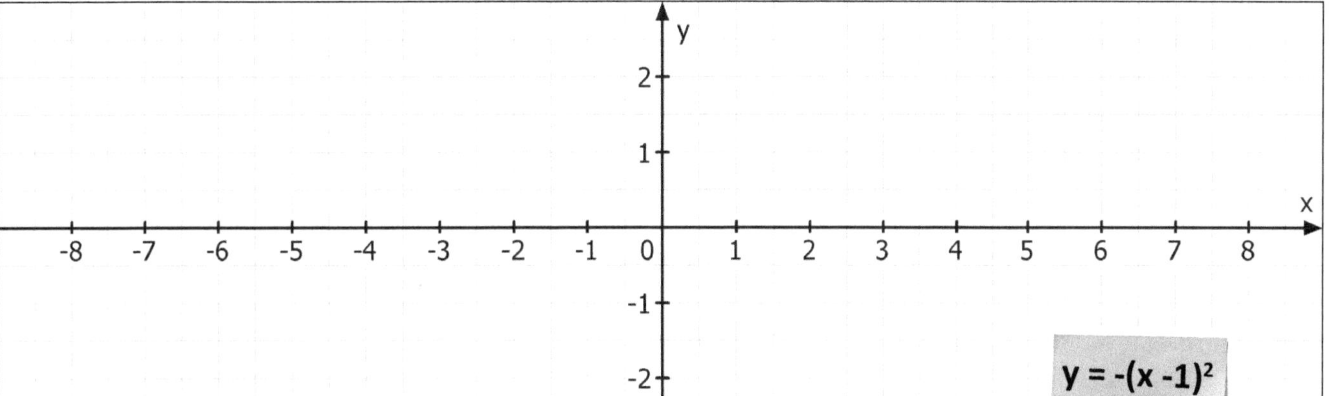

Aufgabe 3:
Stelle jeweils eine Wertetabelle auf und zeichne den jeweiligen Graphen der Funktionsgleichungen:

a) *$y = -(x - 1)^2$*
b) *$y = -(x - 5)^2$*
c) *$y = -(x + 7)^2$*

$y = -(x - 1)^2$

Wertetabelle:

x	y

$y = -(x + 7)^2$

Wertetabelle:

x	y

$y = -(x - 5)^2$

Wertetabelle:

x	y

KOHL VERLAG Quadratische Funktionen und Gleichungen - Bestell-Nr. 12 105

4 Erstellen von Wertetabellen und Zeichnen von Graphen

Lösungen

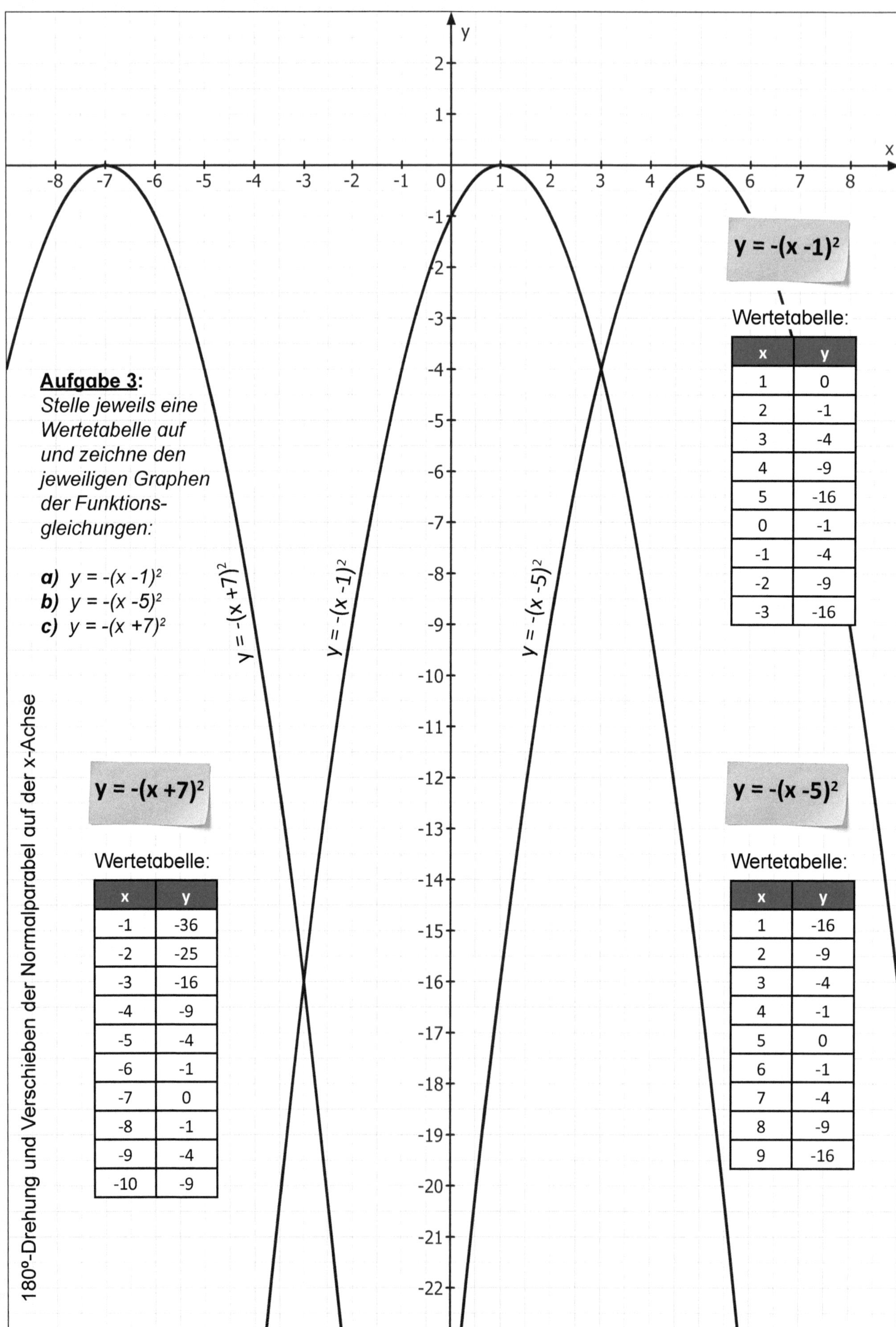

Aufgabe 3:
Stelle jeweils eine Wertetabelle auf und zeichne den jeweiligen Graphen der Funktionsgleichungen:

a) $y = -(x - 1)^2$
b) $y = -(x - 5)^2$
c) $y = -(x + 7)^2$

$y = -(x - 1)^2$

Wertetabelle:

x	y
1	0
2	-1
3	-4
4	-9
5	-16
0	-1
-1	-4
-2	-9
-3	-16

$y = -(x + 7)^2$

Wertetabelle:

x	y
-1	-36
-2	-25
-3	-16
-4	-9
-5	-4
-6	-1
-7	0
-8	-1
-9	-4
-10	-9

$y = -(x - 5)^2$

Wertetabelle:

x	y
1	-16
2	-9
3	-4
4	-1
5	0
6	-1
7	-4
8	-9
9	-16

KOHL VERLAG Quadratische Funktionen und Gleichungen - Bestell-Nr. 12 105

4 Erstellen von Wertetabellen und Zeichnen von Graphen

Höhen- und Seitenverschiebung der Normalparabel

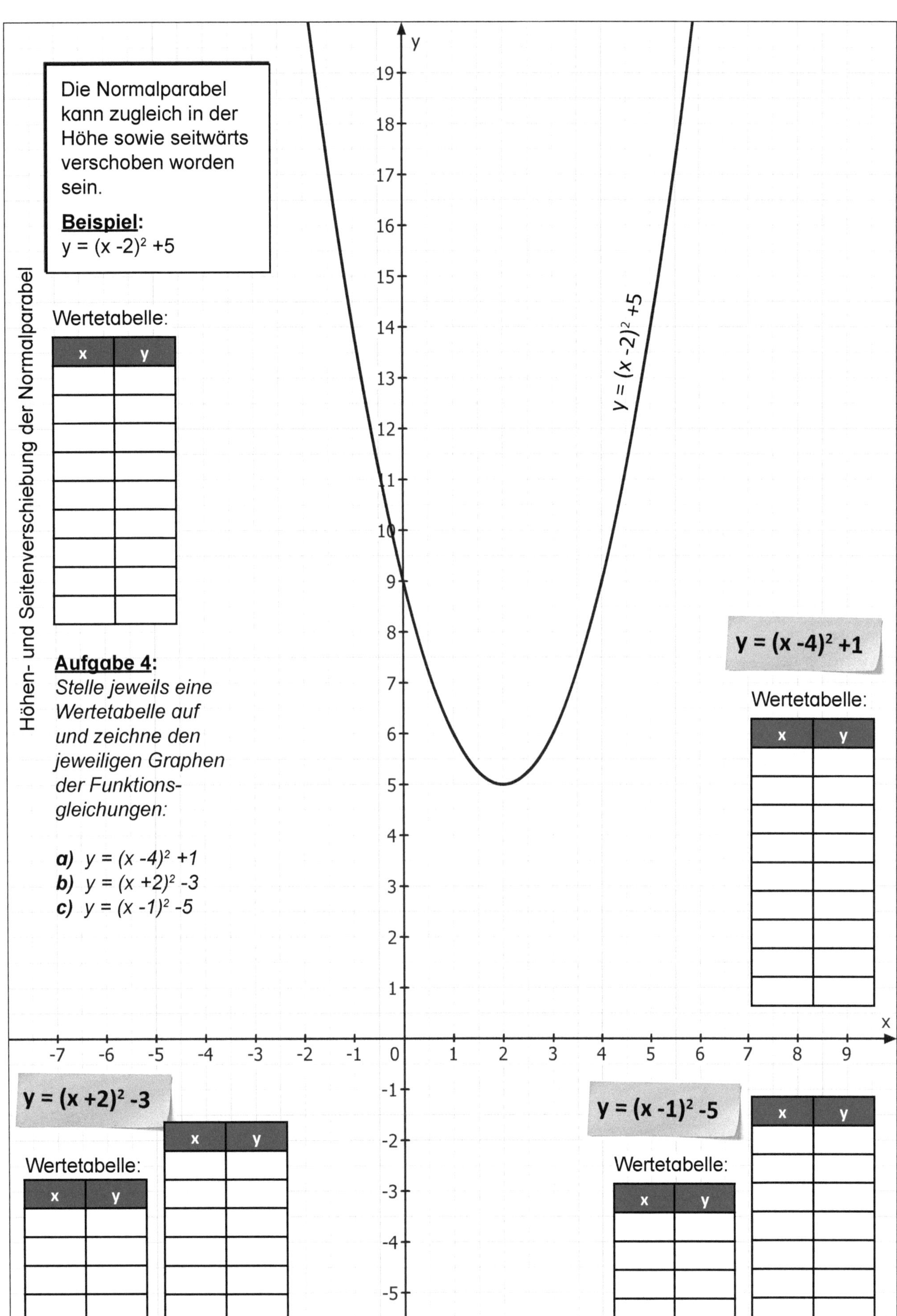

Die Normalparabel kann zugleich in der Höhe sowie seitwärts verschoben worden sein.

Beispiel:
$y = (x-2)^2 + 5$

Wertetabelle:

x	y

Aufgabe 4:
Stelle jeweils eine Wertetabelle auf und zeichne den jeweiligen Graphen der Funktionsgleichungen:

a) $y = (x-4)^2 + 1$
b) $y = (x+2)^2 - 3$
c) $y = (x-1)^2 - 5$

$y = (x-4)^2 + 1$

Wertetabelle:

x	y

$y = (x+2)^2 - 3$

Wertetabelle:

x	y

x	y

$y = (x-1)^2 - 5$

Wertetabelle:

x	y

x	y

4 Erstellen von Wertetabellen und Zeichnen von Graphen

Lösungen

Höhen- und Seitenverschiebung der Normalparabel

Die Normalparabel kann zugleich in der Höhe sowie seitwärts verschoben worden sein.

Beispiel:
$y = (x-2)^2 + 5$

Wertetabelle:

x	y
1	6
2	5
3	6
4	9
5	14
6	21
0	9
-1	14
-2	21

Aufgabe 4:
Stelle jeweils eine Wertetabelle auf und zeichne den jeweiligen Graphen der Funktionsgleichungen:

a) $y = (x-4)^2 + 1$
b) $y = (x+2)^2 - 3$
c) $y = (x-1)^2 - 5$

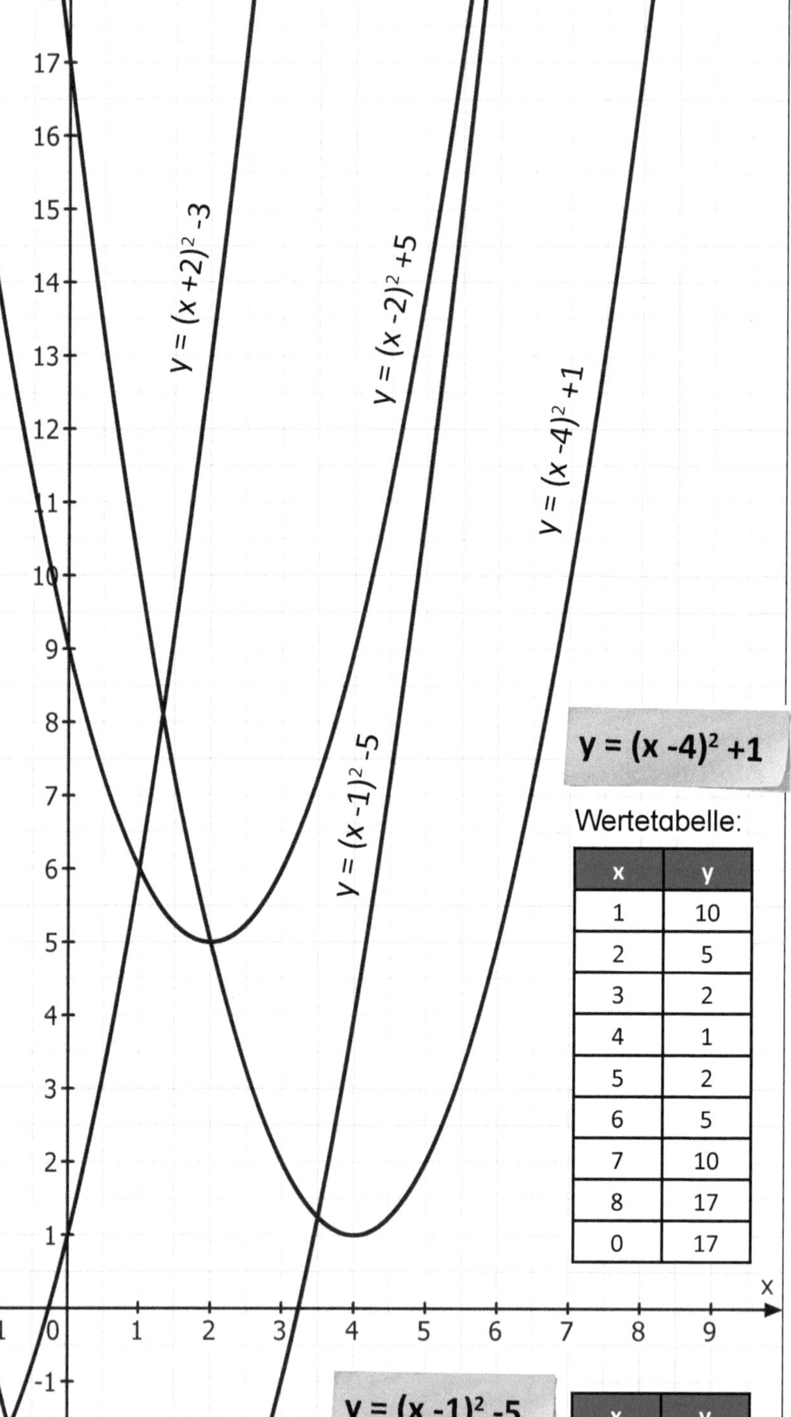

$y = (x-4)^2 + 1$

Wertetabelle:

x	y
1	10
2	5
3	2
4	1
5	2
6	5
7	10
8	17
0	17

$y = (x+2)^2 - 3$

Wertetabelle:

x	y
1	6
2	13
3	22
0	1
-1	-2
-2	-3
-3	-2
-4	1
-5	6
-6	13

$y = (x-1)^2 - 5$

Wertetabelle:

x	y
1	-5
2	-4
3	-1
4	4
5	11
6	20
0	-4
-1	-1
-2	4
-3	11
-4	20

4 Erstellen von Wertetabellen und Zeichnen von Graphen

Aufgabe 5:

Stelle jeweils eine Wertetabelle auf und zeichne den jeweiligen Graphen der Funktionsgleichungen:

a) $y = -(x - 5)^2 + 3$

b) $y = -(x - 3)^2 - 4$

c) $y = -(x + 4)^2 - 2$

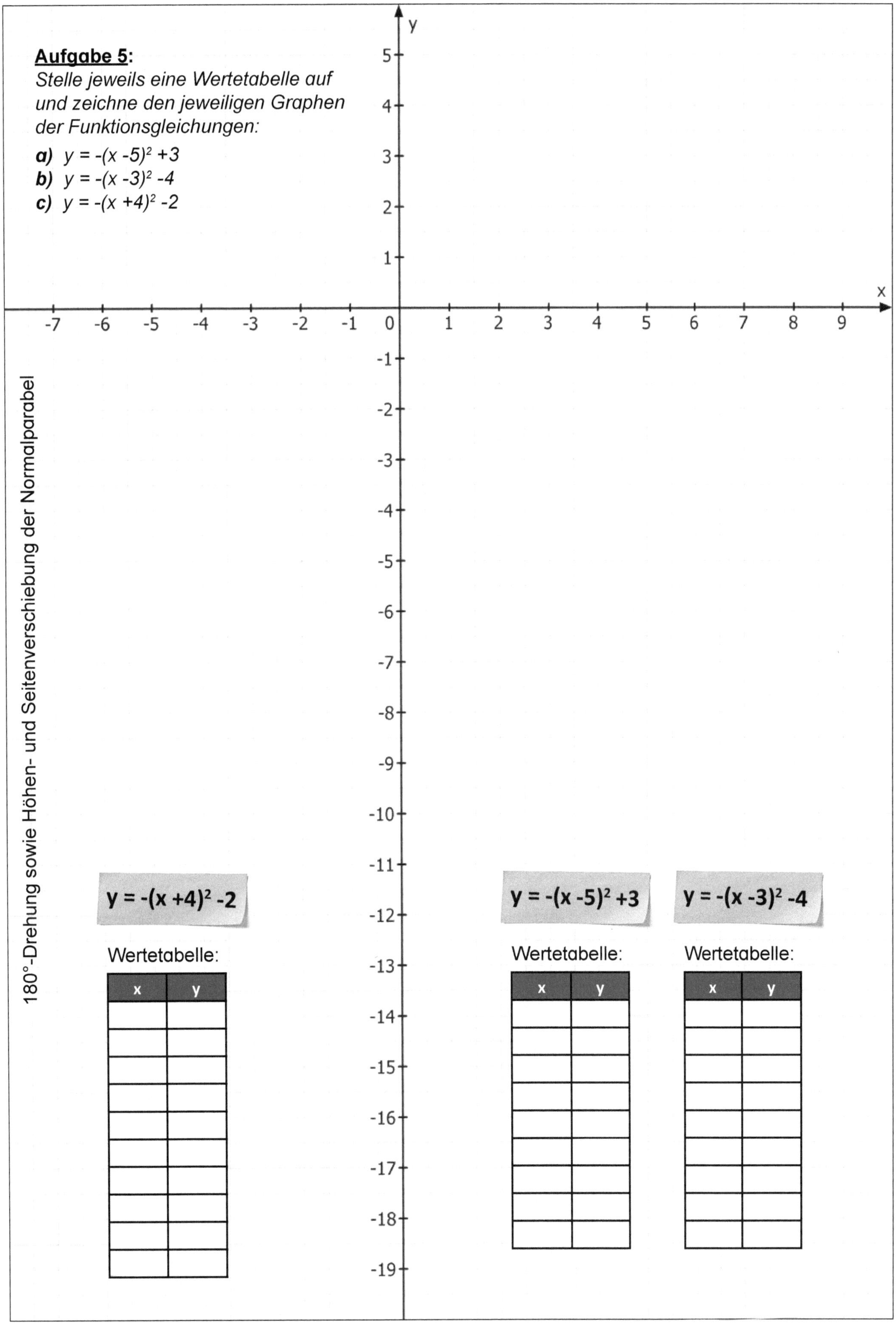

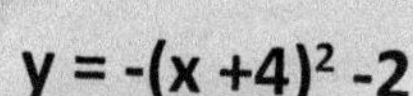

Wertetabelle:

x	y

$y = -(x - 5)^2 + 3$

Wertetabelle:

x	y

$y = -(x - 3)^2 - 4$

Wertetabelle:

x	y

KOHL VERLAG

4 Erstellen von Wertetabellen und Zeichnen von Graphen

Lösungen

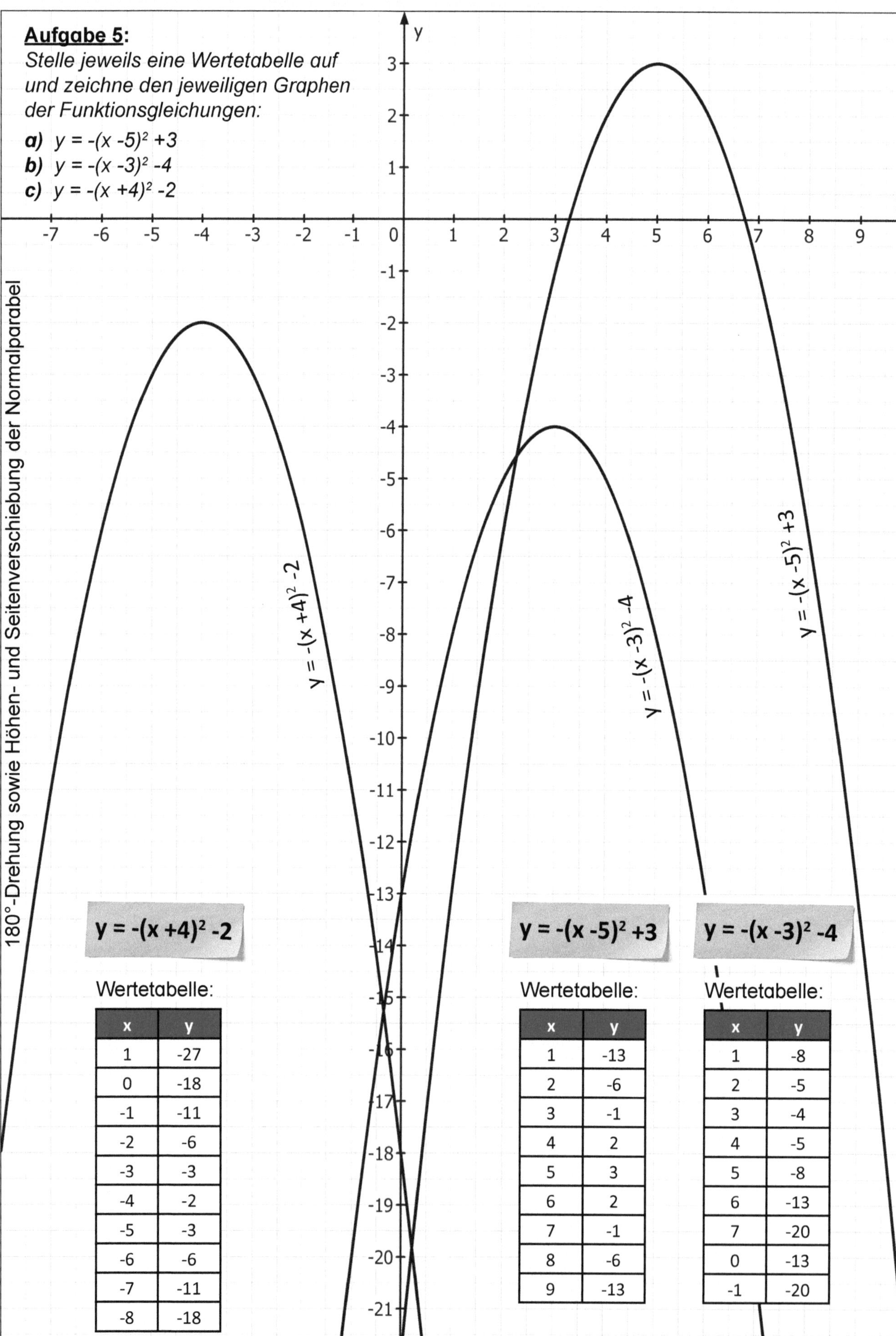

$y = -(x + 4)^2 - 2$

Wertetabelle:

x	y
1	-27
0	-18
-1	-11
-2	-6
-3	-3
-4	-2
-5	-3
-6	-6
-7	-11
-8	-18

$y = -(x - 5)^2 + 3$

Wertetabelle:

x	y
1	-13
2	-6
3	-1
4	2
5	3
6	2
7	-1
8	-6
9	-13

$y = -(x - 3)^2 - 4$

Wertetabelle:

x	y
1	-8
2	-5
3	-4
4	-5
5	-8
6	-13
7	-20
0	-13
-1	-20

5 Scheitelpunkte

Bei nach oben geöffneten Graphen wird jeweils der im Koordinatensystem am tiefsten gelegene Punkt als Scheitel(punkt) bezeichnet. Sind Graphen nach unten geöffnet, so ist stets der im Koordinatensystem am höchsten gelegene Punkt der Scheitel(punkt).

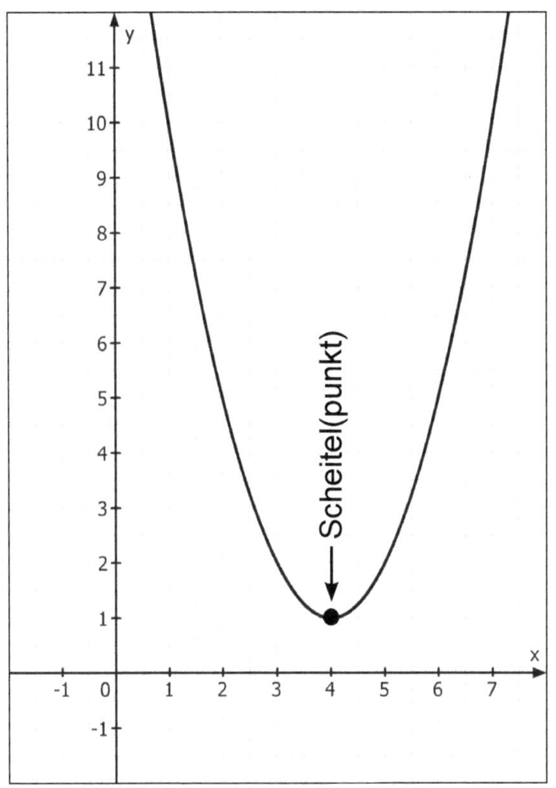

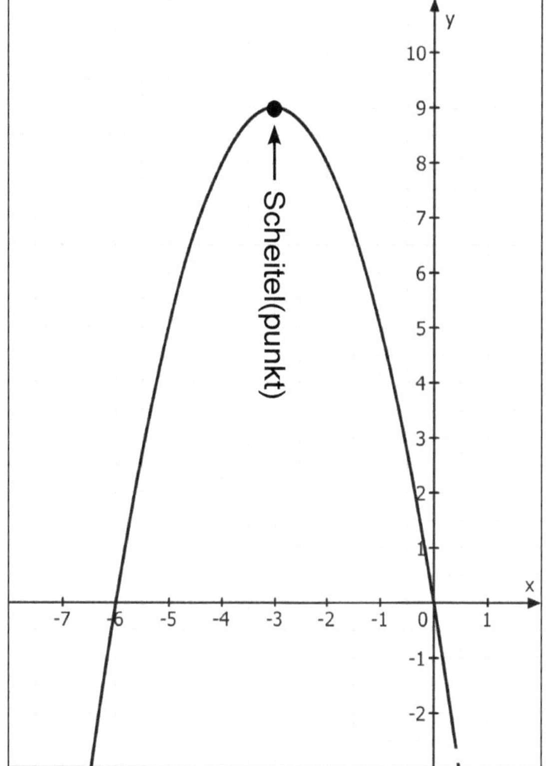

Die Graphen mit der Funktionsgleichung $y = x^2$ oder $y = -x^2$ weisen als Scheitelpunkt die Koordinaten 0/0 auf, d.h. der x-Wert beträgt 0 und der y-Wert ebenfalls 0.

Im Weiteren gilt:

Funktionsgleichungen:		**Koordinaten des Scheitelpunktes (x/y):**
$y = x^2 +c$	→	S (0/c)
$y = x^2 -c$	→	S (0/-c)
$y = -x^2 +c$	→	S (0/c)
$y = -x^2 -c$	→	S (0/-c)
$y = (x +d)^2$	→	S (-d/0)
$y = (x -d)^2$	→	S (d/0)
$y = -(x +d)^2$	→	S (-d/0)
$y = -(x -d)^2$	→	S (d/0)
$y = (x +d)^2 +c$	→	S (-d/c)
$y = (x +d)^2 -c$	→	S (-d/-c)
$y = -(x -d)^2 +c$	→	S (d/c)
$y = -(x -d)^2 -c$	→	S (d/-c)
...		

5 Scheitelpunkte

Aufgabe 1: *Gib die Koordinaten der Scheitelpunkte an.*

a) $y = x^2$ → S (/)

b) $y = -x^2$ → S (/)

c) $y = x^2 - 4$ → S (/)

d) $y = -x^2 + 3$ → S (/)

e) $y = -x^2 - 7$ → S (/)

f) $y = x^2 + 2{,}5$ → S (/)

g) $y = (x - 1)^2$ → S (/)

h) $y = -(x + 6)^2$ → S (/)

i) $y = (x + 5)^2$ → S (/)

j) $y = (x - 3{,}5)^2$ → S (/)

k) $y = -(x - 4{,}5)^2$ → S (/)

l) $y = (x + 1)^2 - 3$ → S (/)

m) $y = -(x - 8)^2 + 2{,}5$ → S (/)

n) $y = -(x + 0{,}5)^2 - 4$ → S (/)

o) $y = (x - 5{,}5)^2 + 6{,}5$ → S (/)

p) $y = (x + 3{,}2)^2 + 4{,}3$ → S (/)

q) $y = -(x - 4{,}8)^2 - 2{,}6$ → S (/)

KOHL VERLAG Quadratische Funktionen und Gleichungen - Bestell-Nr. 12 105

5 Scheitelpunkte

Lösungen

Aufgabe 1: *Gib die Koordinaten der Scheitelpunkte an.*

a) $y = x^2$ → S (0/0)

b) $y = -x^2$ → S (0/0)

c) $y = x^2 -4$ → S (0/-4)

d) $y = -x^2 +3$ → S (0/3)

e) $y = -x^2 -7$ → S (0/-7)

f) $y = x^2 +2,5$ → S (0/2,5)

g) $y = (x -1)^2$ → S (1/0)

h) $y = -(x +6)^2$ → S (-6/0)

i) $y = (x +5)^2$ → S (-5/0)

j) $y = (x -3,5)^2$ → S (3,5/0)

k) $y = -(x -4,5)^2$ → S (4,5/0)

l) $y = (x +1)^2 -3$ → S (-1/-3)

m) $y = -(x -8)^2 +2,5$ → S (8/2,5)

n) $y = -(x +0,5)^2 -4$ → S (-0,5/-4)

o) $y = (x -5,5)^2 +6,5$ → S (5,5/6,5)

p) $y = (x +3,2)^2 +4,3$ → S (-3,2/4,3)

q) $y = -(x -4,8)^2 -2,6$ → S (4,8/-2,6)

KOHL VERLAG Quadratische Funktionen und Gleichungen - Bestell-Nr. 12 105

6 Bestimmung von Funktionsgleichungen

Aufgabe 1: *Nenne die Funktionsgleichungen der folgenden Graphen:*

a) y =

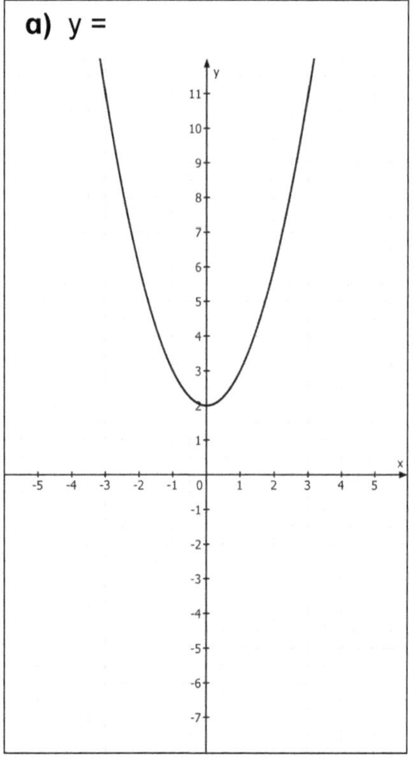

b) y =

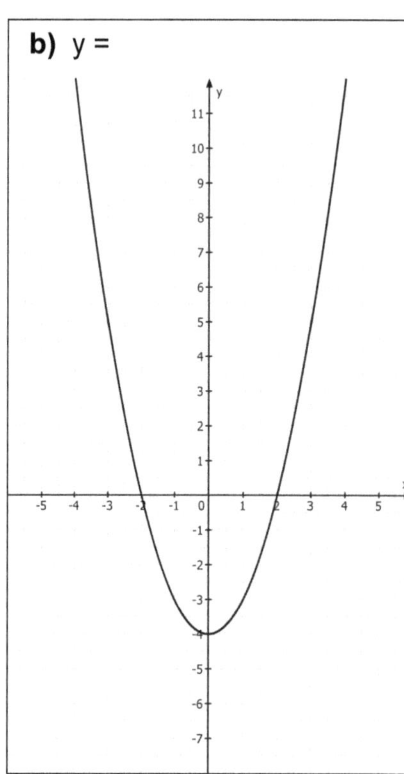

c) y =

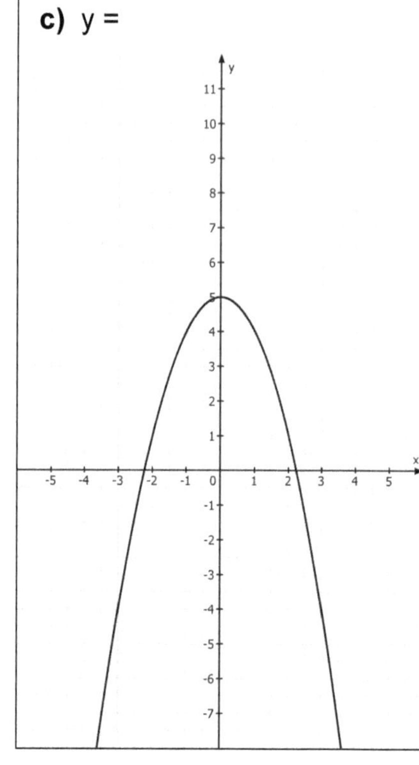

d) y =

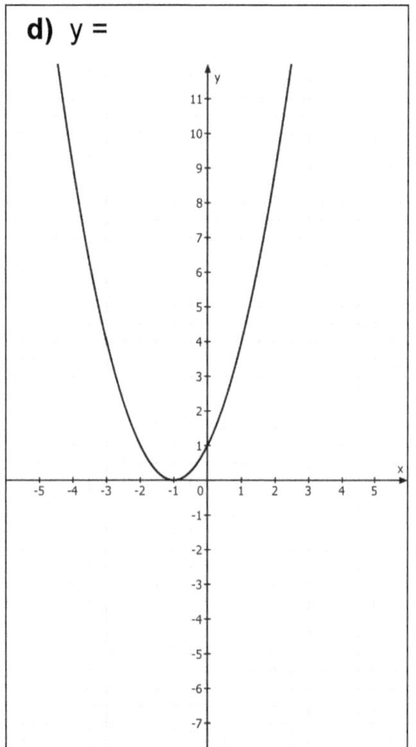

e) y =

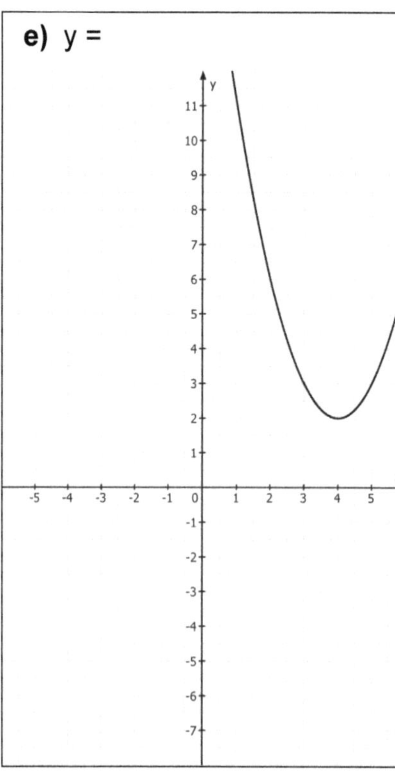

f) y =

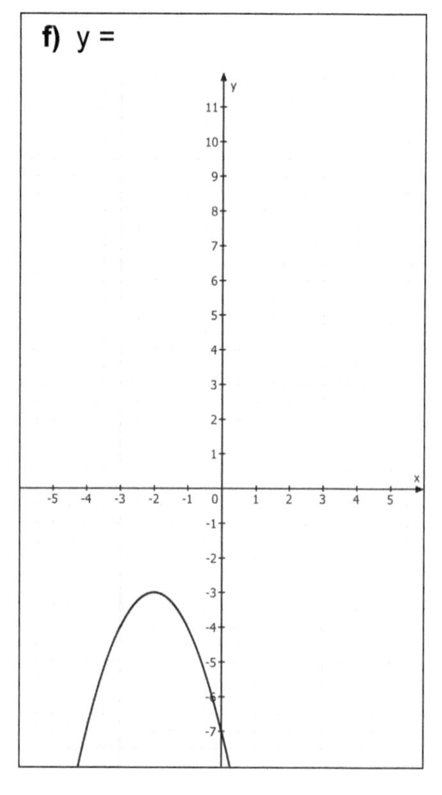

6 Bestimmung von Funktionsgleichungen
Lösungen

Aufgabe 1: *Nenne die Funktionsgleichungen der folgenden Graphen:*

a) $y = x^2 + 2$

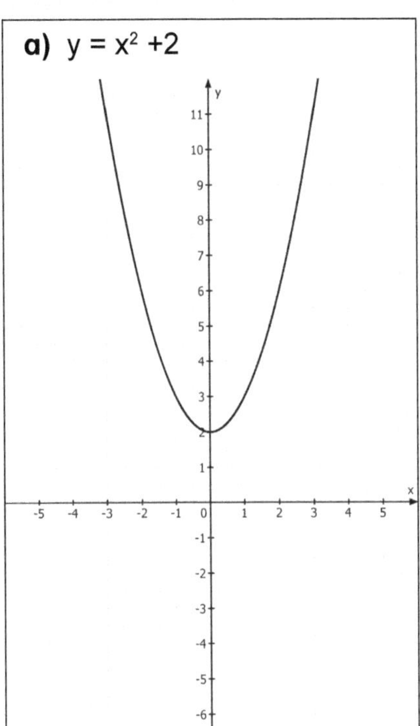

b) $y = x^2 - 4$

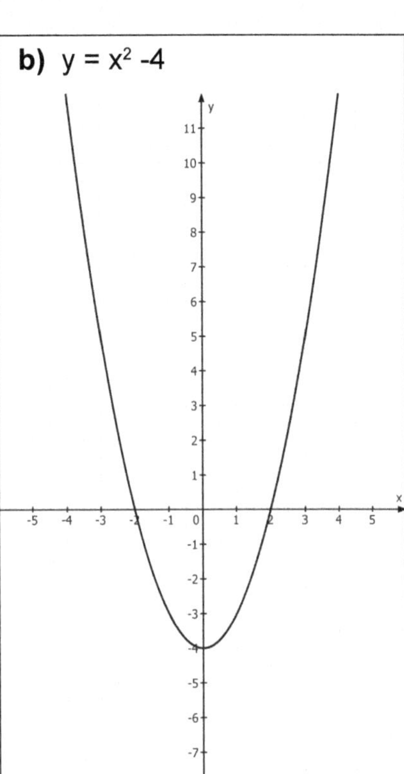

c) $y = -x^2 + 5$

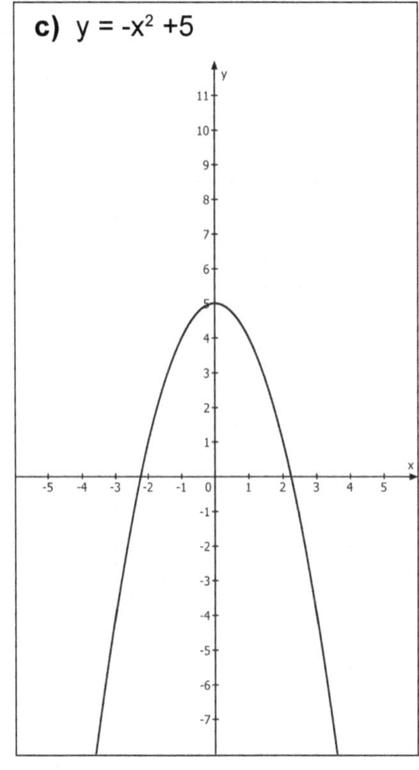

d) $y = (x + 1)^2$

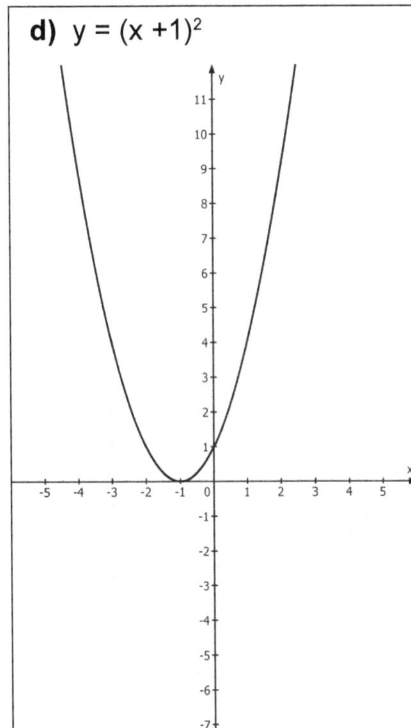

e) $y = (x - 4)^2 + 2$

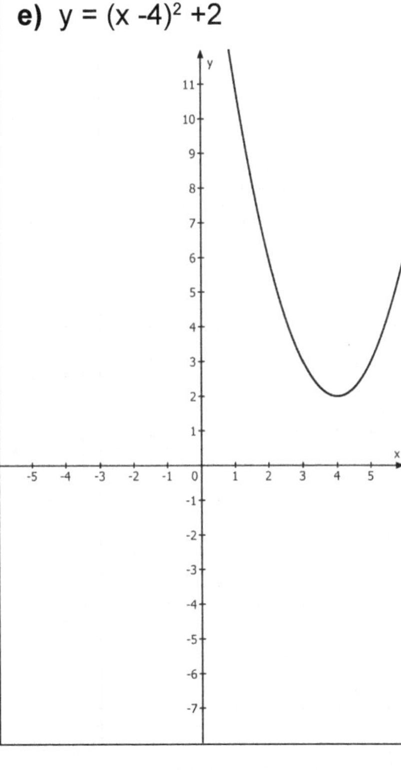

f) $y = -(x + 2)^2 - 3$

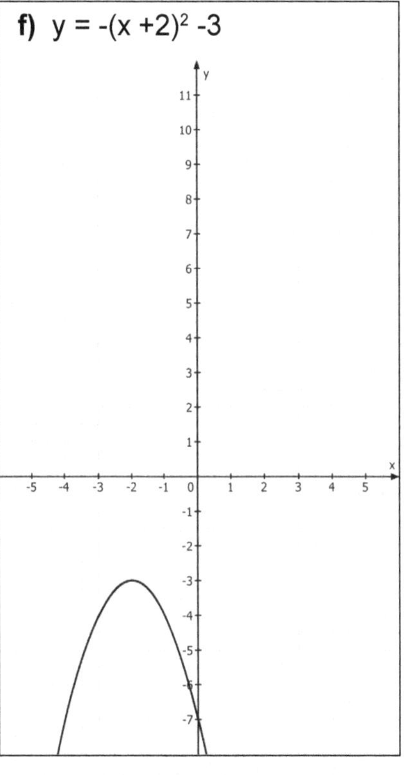

KOHL VERLAG

6 Bestimmung von Funktionsgleichungen

Aufgabe 1: *Beschreibe kurz stichwortartig, wie die auf der vorherigen Seite gezeichneten Graphen (= Parabeln) im Vergleich zur Normalparabel mit der Funktionsgleichung $y = x^2$ verschoben sind.*

1. Graph:

2. Graph:

3. Graph:

4. Graph:

5. Graph:

6. Graph:

Aufgabe 2: *Woran ist in den Funktionsgleichungen zu erkennen, ob die Graphen (= Parabeln) im kartesischen Koordinatensystem nach oben oder unten geöffnet sind?*

KOHL VERLAG Quadratische Funktionen und Gleichungen - Bestell-Nr. 12 105

6 Bestimmung von Funktionsgleichungen

Lösungen

Aufgabe 1: *Beschreibe kurz stichwortartig, wie die auf der vorherigen Seite gezeichneten Graphen (= Parabeln) im Vergleich zur Normalparabel mit der Funktionsgleichung $y = x^2$ verschoben sind.*

1. Graph:
- nach oben geöffnet;
- um 2 Einheiten nach oben verschoben.

2. Graph:
- nach oben geöffnet;
- um 4 Einheiten nach unten verschoben.

3. Graph:
- nach unten geöffnet;
- um 180° gedreht;
- um 5 Einheiten nach oben verschoben.

4. Graph:
- nach oben geöffnet;
- um 1 Einheit nach links verschoben.

5. Graph:
- nach oben geöffnet;
- um 2 Einheiten nach oben und zwei Einheiten nach rechts verschoben.

6. Graph:
- nach unten geöffnet;
- um 180° gedreht;
- um 3 Einheiten nach unten und zwei Einheiten nach links verschoben.

Aufgabe 2: *Woran ist in den Funktionsgleichungen zu erkennen, ob die Graphen (= Parabeln) im kartesischen Koordinatensystem nach oben oder unten geöffnet sind?*

Das Vorzeichen **vor x^2** bestimmt, ob der Graph (= Parabel) nach oben oder nach unten geöffnet ist. Bei einem **positiven Vorzeichen vor x^2** ist der Graph **nach oben geöffnet.**

Beispiel: $y = x^2 -4$

Bei einem **negativen Vorzeichen vor x^2** ist der Graph **nach unten geöffnet.**

Beispiel: $y = -x^2 +5$

7 Nullstellen

Nullstellen werden die Punkte genannt, an denen die Graphen die x-Achse schneiden oder in einem Punkt berühren. An den Nullstellen beträgt der Wert immer 0 (Null).
Graphen, die quadratische Funktionen darstellen (= Parabeln), können jeweils 2, 1 oder keine Nullstelle aufweisen.

<u>Beispiel 1</u>:

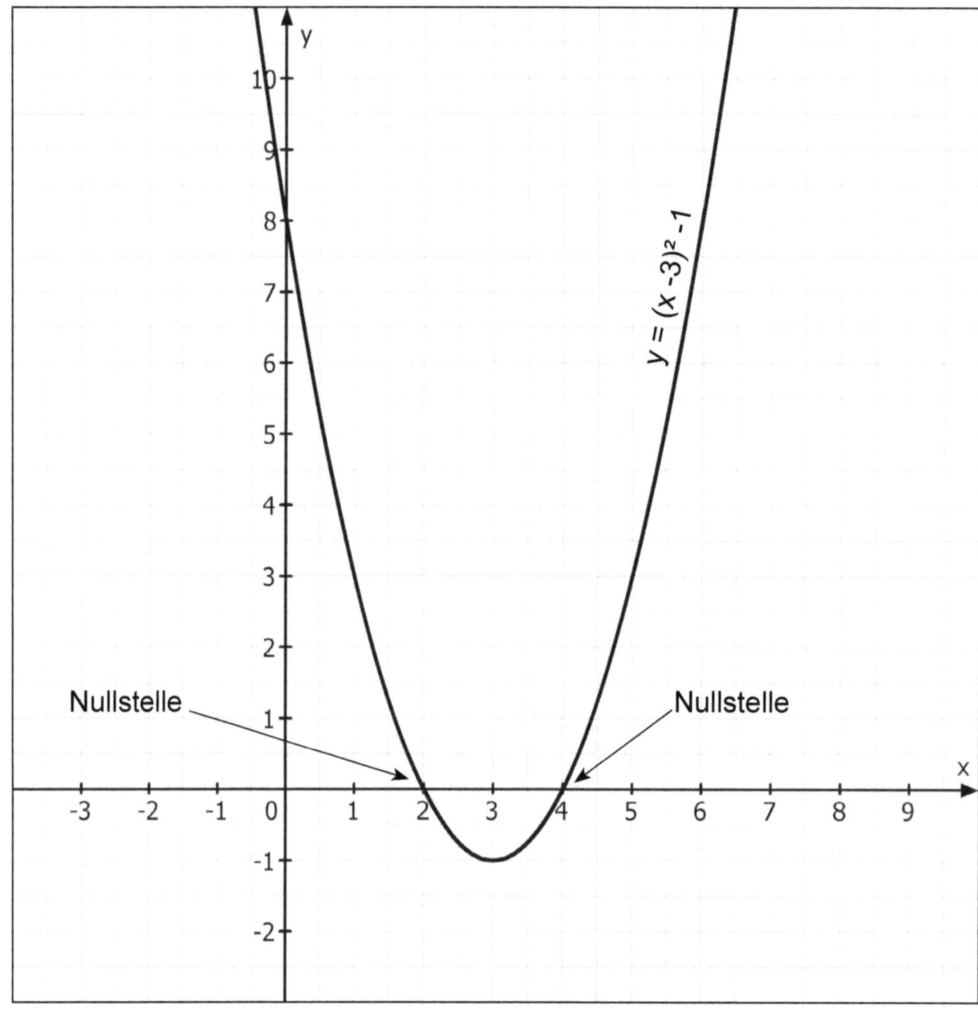

Die Nullstellen lassen sich berechnen, indem in die Funktionsgleichung der y-Wert 0 (Null) eingesetzt wird. Danach wird x berechnet:

$$
\begin{aligned}
0 &= (x-3)^2 - 1 && \mid +1 \\
1 &= (x-3)^2 && \mid \sqrt{} \\
\pm 1 &= x - 3 && \mid +3 \\
4 &= x_1 && \mid \text{Seitentausch} \\
2 &= x_2 && \mid \text{Seitentausch} \\
\underline{\underline{\mathbf{x_1}}} &\underline{\underline{\mathbf{= 4}}} \\
\underline{\underline{\mathbf{x_2}}} &\underline{\underline{\mathbf{= 2}}}
\end{aligned}
$$

Die Nullstellen (N) liegen also beim x-Wert 4 und beim x-Wert 2.
Man schreibt: $N_1(2/0)$ und $N_2(4/0)$

7 Nullstellen

Beispiel 2:

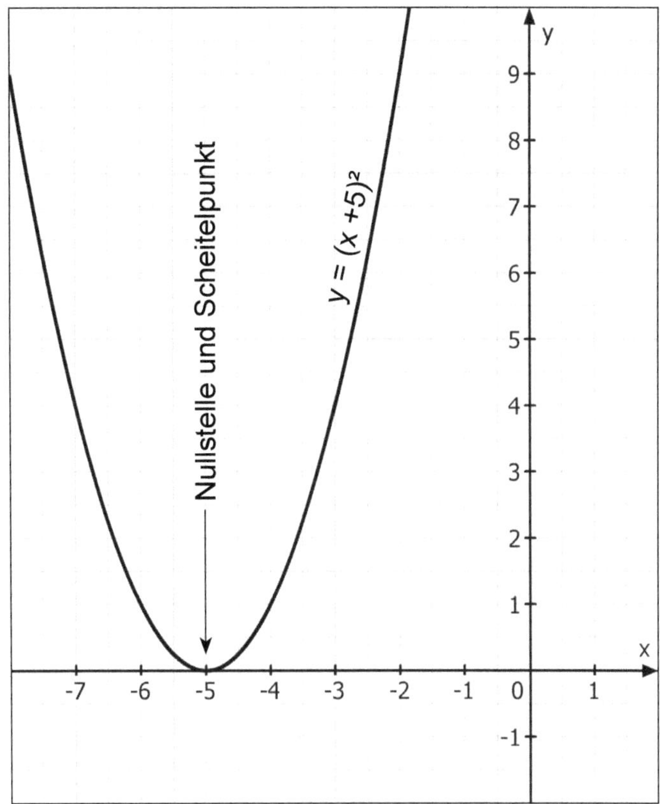

Berechnung der Nullstelle:
Einsetzung von 0 (Null) in die Funktionsgleichung $y = (x+5)^2$

$0 = (x+5)^2$	$\mid \sqrt{\ }$
$0 = x+5$	$\mid -5$
$-5 = x$	| Seitentausch
$\mathbf{x = -5}$	

Die Nullstelle liegt also beim x-Wert -5 bzw. N(-5/0).

Beispiel 3:

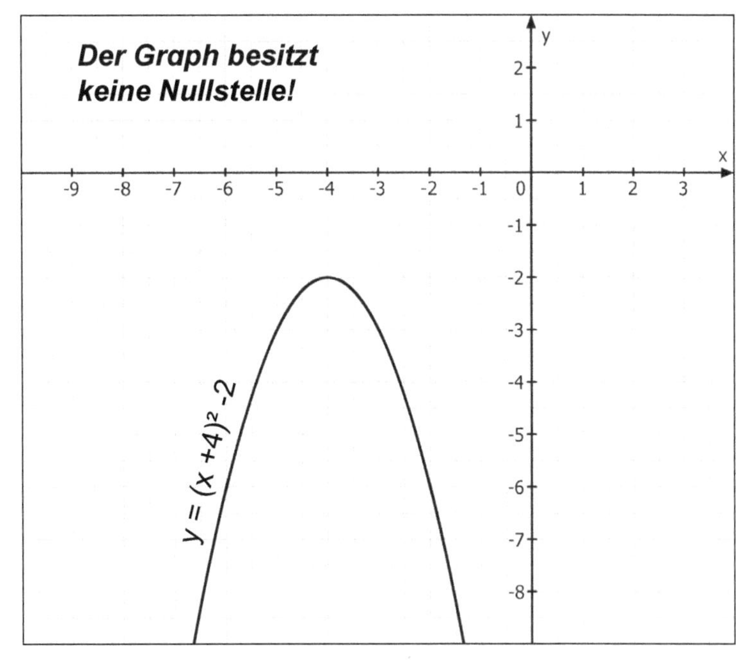

KOHL VERLAG Quadratische Funktionen und Gleichungen - Bestell-Nr. 12 105

7 Nullstellen

Aufgabe 1: *Berechne jeweils die Nullstellen der nachfolgend genannten 4 Funktionsgleichungen. Fertige danach jeweils ein kartesisches Koordinatensystem an, in das du den Verlauf des jeweiligen Graphen einträgst. Kontrolliere, ob die berechneten Nullstellen tatsächlich mit den Nullstellen des dazugehörigen gezeichneten Graphen übereinstimmen.*

a) $y = (x - 2)^2$

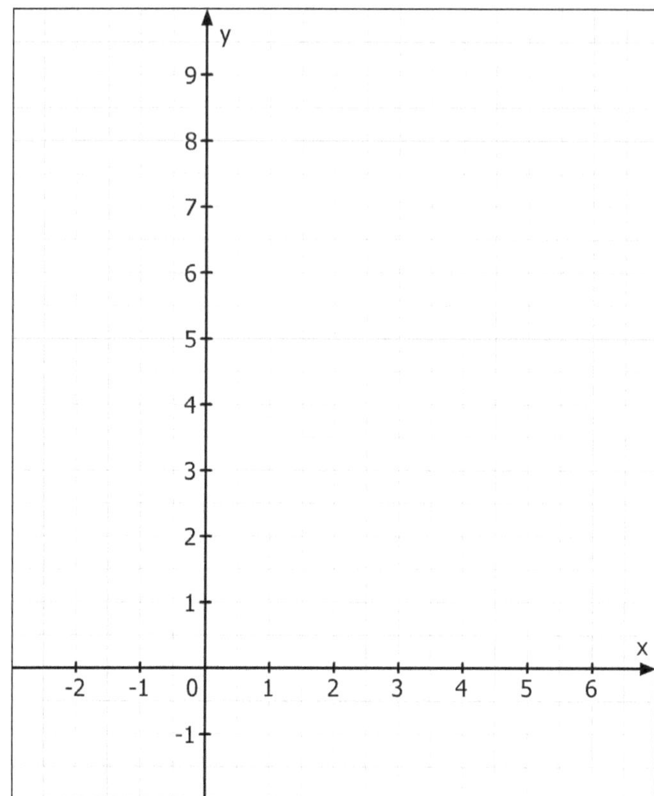

b) $y = (x - 2)^2 - 4$

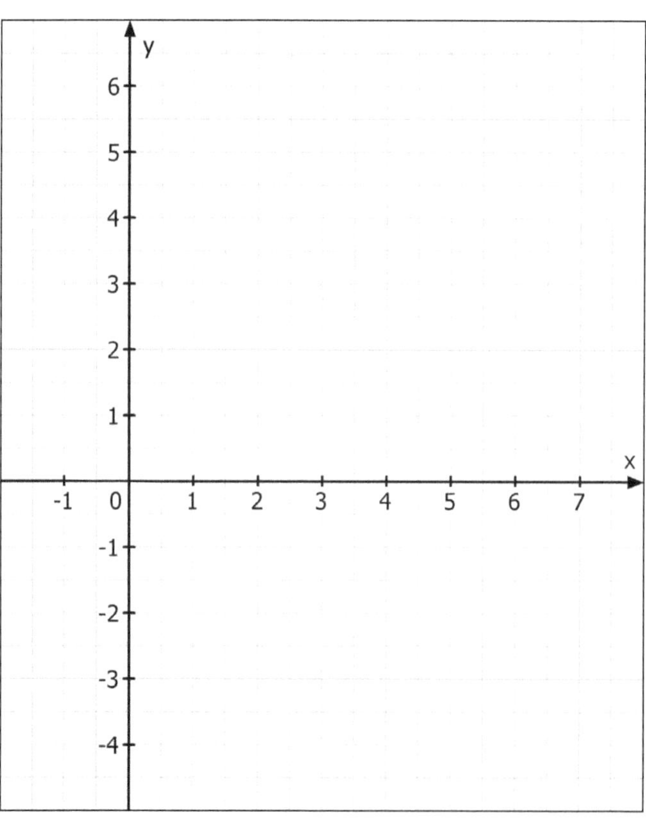

Quadratische Funktionen und Gleichungen – Bestell-Nr. 12 105

7 Nullstellen

Lösungen

Aufgabe 1: *Berechne jeweils die Nullstellen der nachfolgend genannten 4 Funktionsgleichungen. Fertige danach jeweils ein kartesisches Koordinatensystem an, in das du den Verlauf des jeweiligen Graphen einträgst. Kontrolliere, ob die berechneten Nullstellen tatsächlich mit den Nullstellen des dazugehörigen gezeichneten Graphen übereinstimmen.*

a) $y = (x - 2)^2$

Berechnung der Nullstelle:

$y = 0$ eingesetzt	
in $y = (x - 2)^2$	$\sqrt{}$
$0 = (x - 2)^2$	$\mid +2$
$0 = x - 2$	
$2 = x$	| Seitentausch
$x = 2$	N(2/0)

Die Nullstelle liegt beim x-Wert 2.

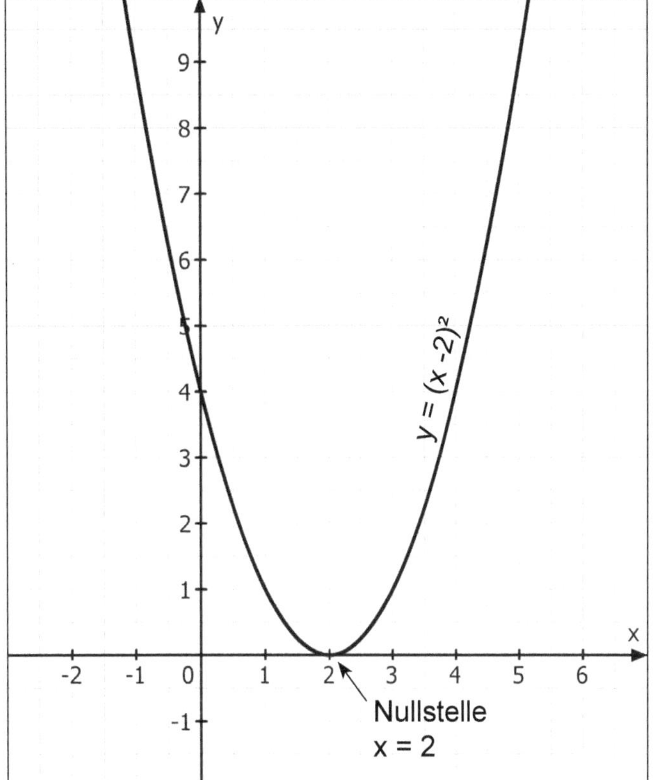

b) $y = (x - 2)^2 - 4$

Berechnung der Nullstellen:

$y = 0$ eingesetzt	
in $y = (x - 2)^2 - 4$	
$0 = (x - 2)^2 - 4$	$\mid +4$
$4 = (x - 2)^2$	$\mid \sqrt{}$
$\pm 2 = x - 2$	$\mid +2$
$4 = x_1$	| Seitentausch
$0 = x_2$	| Seitentausch
$x_1 = 4$	$N_1(4/0)$
$x_2 = 0$	$N_2(0/0)$

Die Nullstellen liegen beim x-Wert 4 und beim x-Wert 0.

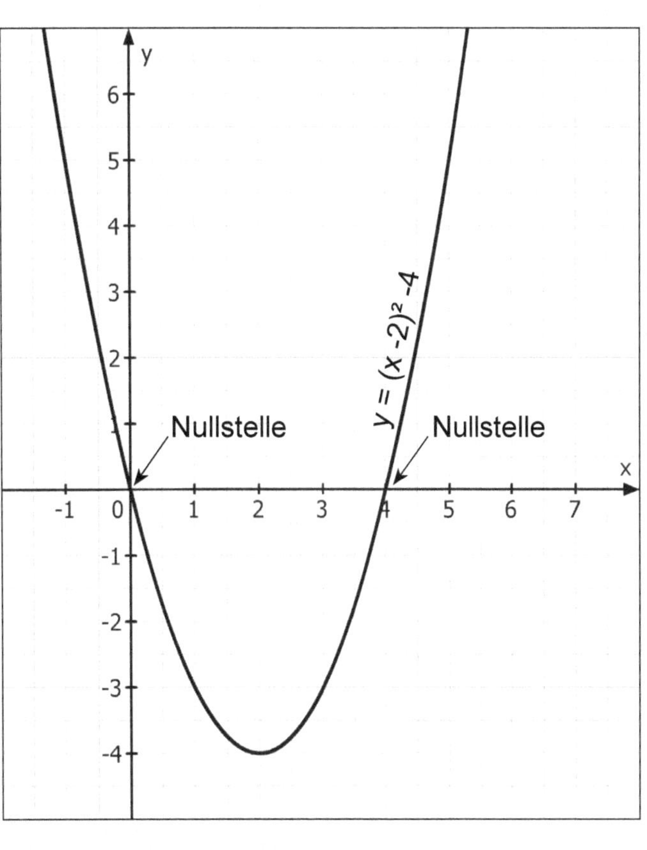

7 Nullstellen

c) $y = (x + 4)^2 - 9$

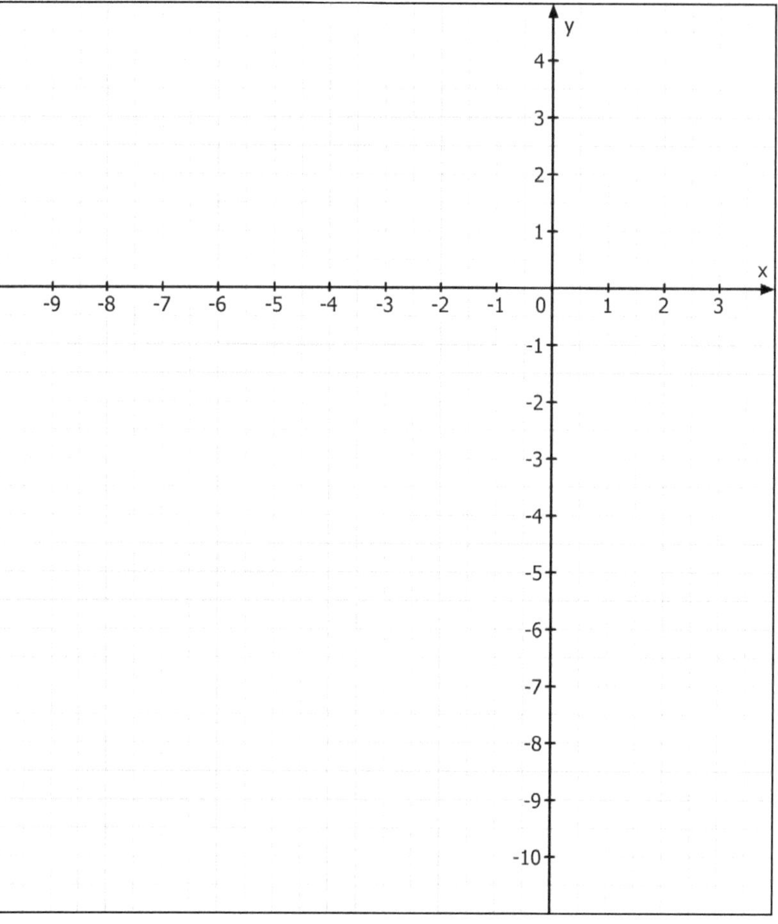

d) $y = -(x + 1)^2 + 6{,}25$

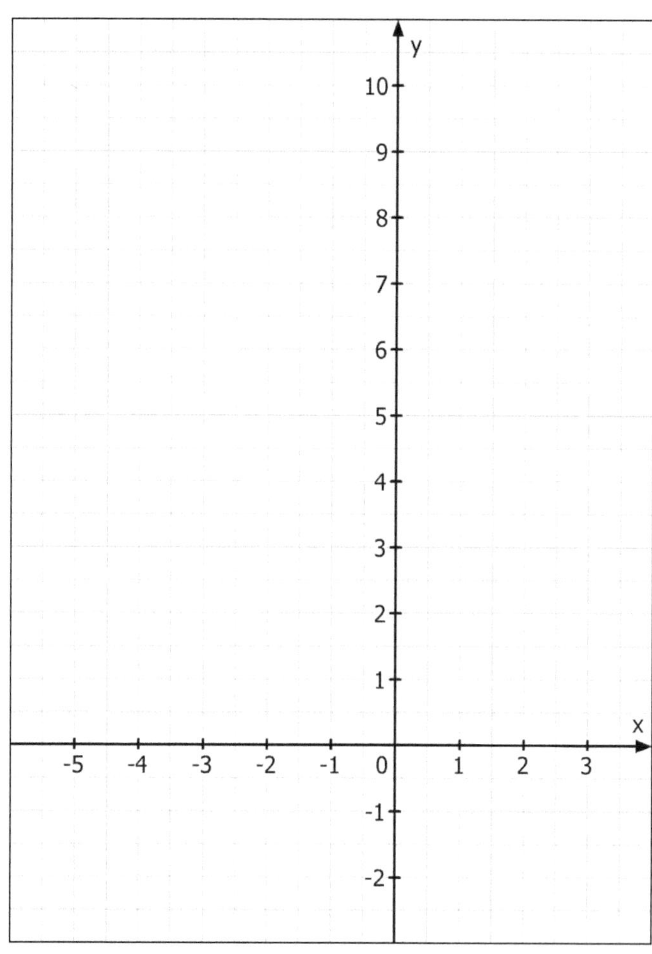

KOHL VERLAG Quadratische Funktionen und Gleichungen • Bestell-Nr. 12 105

7 Nullstellen
Lösungen

3. $y = (x+4)^2 - 9$

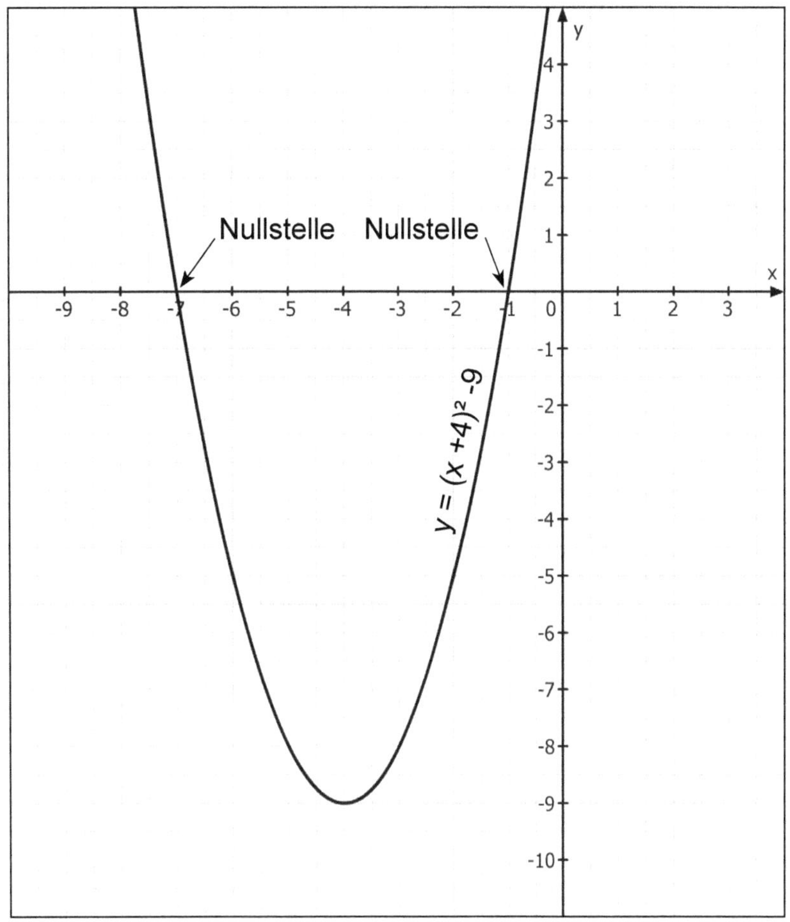

Berechnung der Nullstellen:

y = 0 eingesetzt
in $y = (x+4)^2 - 9$

$0 = (x+4)^2 - 9$	$\mid +9$
$9 = (x+4)^2$	$\mid \sqrt{}$
$\pm 3 = x + 4$	$\mid -4$
$-1 = x_1$	| Seitentausch
$-7 = x_2$	| Seitentausch
$\underline{\mathbf{x_1 = -1}}$	$N_1(-1\|0)$
$\underline{\underline{\mathbf{x_2 = -7}}}$	$N_2(-7\|0)$

Die Nullstellen liegen beim x-Wert -1 und beim x-Wert -7.

4. $y = -(x+1)^2 + 6{,}25$

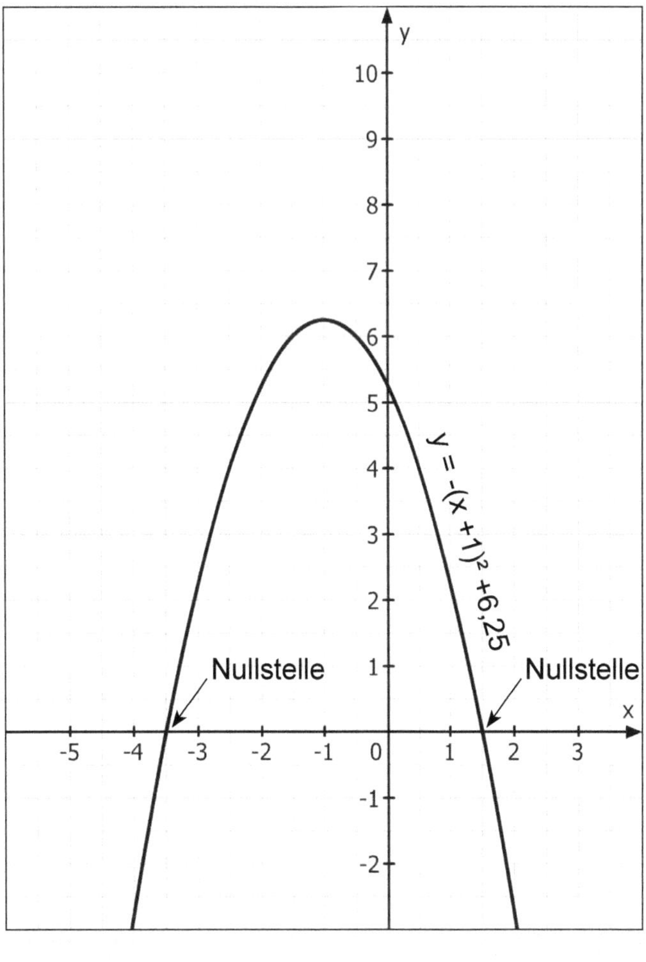

Berechnung der Nullstellen:

y = 0 eingesetzt
in $y = -(x+1)^2 + 6{,}25$

$0 = -(x+1)^2 + 6{,}25$	$\mid -6{,}25$
$-6{,}25 = -(x+1)^2$	$\mid : (-1)$
$6{,}25 = (x+1)^2$	$\mid \sqrt{}$
$\pm 2{,}5 = x + 1$	$\mid -1$
$1{,}5 = x_1$	| Seitentausch
$-3{,}5 = x_1$	| Seitentausch
$\underline{\mathbf{x_1 = 1{,}5}}$	$N_1(1{,}5\|0)$
$\underline{\underline{\mathbf{x_2 = -3{,}5}}}$	$N_2(-3{,}5\|0)$

Die Nullstellen liegen beim x-Wert 1,5 und beim x-Wert -3,5.

8 Binomische Formeln

In der Mathematik ist ein Binom ein zweigliedriger Term (= Rechenausdruck), d.h. er besteht aus 2 Teilen.

Beispiele: $a + b$; $2x + 3$; $7 - y$ ...

Multipliziert man Binome, kann man den Rechenvorgang durch sofortige Anwendung der jeweiligen binomischen Formel verkürzen:

$(a + b)^2 = (a + b) \cdot (a + b) = a^2 + ab + ab + b^2 = a^2 + 2ab + b^2$

Demnach lautet die **1. binomische Formel**: $(a + b)^2 = a^2 + 2ab + b^2$

$(a - b)^2 = (a - b) \cdot (a - b) = a^2 - ab - ab - b^2 = a^2 - 2ab + b^2$

Somit ergibt sich die **2. binomische Formel**: $(a - b)^2 = a^2 - 2ab + b^2$

$(a + b) \cdot (a - b) = a^2 - ab + ab - b^2 = a^2 - b^2$

Damit kommt die **3. binomische Formel** zustande: $(a - b) \cdot (a - b) = a^2 - b^2$

Aufgabe 1: *Rechne aus, indem du die binomischen Formeln anwendest.*

a) $(v + w)^2 =$

b) $(2u - 1)^2 =$

c) $(3v - 2)^2 =$

d) $(2 + 4b)^2 =$

e) $(x + y) \cdot (x - y) =$

f) $(1 + 3t)^2 =$

g) $(7 - 5v)^2 =$

h) $(8y - 3)^2 =$

i) $(6e + 4f)^2 =$

j) $(m - n) \cdot (m + n) =$

k) $(9o - 9p)^2 =$

l) $(12c + 7d) =$

m) $(5k + 9s)^2 =$

n) $(14a - 8b)^2 =$

8 Binomische Formeln

Lösungen

In der Mathematik ist ein Binom ein zweigliedriger Term (= Rechenausdruck), d.h. er besteht aus 2 Teilen.

Beispiele: $a + b$; $2x + 3$; $7 - y$ ...

Multipliziert man Binome, kann man den Rechenvorgang durch sofortige Anwendung der jeweiligen binomischen Formel verkürzen:

$(a + b)^2 = (a + b) \cdot (a + b) = a^2 + ab + ab + b^2 = a^2 + 2ab + b^2$

> Demnach lautet die **1. binomische Formel**: $(a + b)^2 = a^2 + 2ab + b^2$

$(a - b)^2 = (a - b) \cdot (a - b) = a^2 - ab - ab - b^2 = a^2 - 2ab + b^2$

> Somit ergibt sich die **2. binomische Formel**: $(a - b)^2 = a^2 - 2ab + b^2$

$(a + b) \cdot (a - b) = a^2 - ab + ab - b^2 = a^2 - b^2$

> Damit kommt die **3. binomische Formel** zustande: $(a - b) \cdot (a - b) = a^2 - b^2$

<u>Aufgabe 1</u>: *Rechne aus, indem du die binomischen Formeln anwendest.*

a) $(v + w)^2 = v^2 + 2vw + w^2$

b) $(2u - 1)^2 = 4u^2 - 4u + 1$

c) $(3v - 2)^2 = 9v^2 - 12v + 4$

d) $(2 + 4b)^2 = 4 + 16b + 16b^2$

e) $(x + y) \cdot (x - y) = x^2 - y^2$

f) $(1 + 3t)^2 = 1 + 6t + 9t^2$

g) $(7 - 5v)^2 = 49 - 70v + 25v^2$

h) $(8y - 3)^2 = 64y^2 - 48y + 9$

i) $(6e + 4f)^2 = 36e^2 + 48ef + 16f^2$

j) $(m - n) \cdot (m + n) = m^2 - n^2$

k) $(9o - 9p)^2 = 81o^2 - 162op + 81p^2$

l) $(12c + 7d) = 144c^2 + 168cd + 49d^2$

m) $(5k + 9s)^2 = 25k^2 + 90ks + 81s^2$

n) $(14a - 8b)^2 = 196a^2 - 224ab + 64b^2$

9 Bestimmung des Scheitelpunktes bei gemischtquadratischen Funktionen

Unterschieden werden reinquadratische und gemischtquadratische Funktionen.

Bei reinquadratischen Funktionen fehlt das lineare Glied (= x). Ein Beispiel für reinquadratische Funktionsgleichungen wäre: $y = x^2 - 3$.
Der Scheitelpunkt des Graphen liegt bei S (0|-3).

Bei gemischtquadratischen Funktionen kommt außer dem quadratischen Glied (= x^2) und dem Absolutglied (= unbenannte Zahl) auch das lineare Glied (= x) vor. Die Formel für die gemischtquadratische Normalparabel heißt:
$y = x^2 + px + q$

Ein Beispiel für eine gemischtquadratische Funktionsgleichung ist:
$y = x^2 + 6x + 1$

Durch Umstellung lassen sich gemischtquadratische Funktionsgleichungen in die Scheitelpunktform bringen.
Beispiel:

$y = x^2 + 6x + 1$	In der Funktionsgleichung wird zur vor x stehenden Zahl die quadratische Ergänzung gebildet. Die quadratische Ergänzung ist $(\frac{p}{2})^2$, also $(\frac{6}{2})^2 = 9$.
$y = x^2 + 6x + (\frac{6}{2})^2 - (\frac{6}{2})^2 + 1$ $y = x^2 + 6x + 9 \underbrace{- 9 + 1}$	Die quadratische Ergänzung wird auf der rechten Seite der Funktionsgleichung zunächst addiert, danach sogleich subtrahiert.
$y = (x + 3)^2 - 8$	Mit Hilfe der 1. bzw. 2. binomischen Formel wird die Funktionsgleichung zur Scheitelpunktform zusammengefasst. Im vorliegen den Fall handelt es sich um die 1. binomische Formel. **1. binomische Formel:** $a^2 + 2ab + b^2 = (a + b)^2$ **2. binomische Formel:** $a^2 - 2ab + b^2 = (a - b)^2$

Somit ergibt sich als Scheitelpunkt des Graphen: S (-3|-8)

9 Bestimmung des Scheitelpunktes bei gemischtquadratischen Funktionen

Aufgabe 1: *Berechne jeweils den Scheitelpunkt der beiden Funktiongleichungen:*

a) $y = x^2 + 8x + 13$
b) $y = x^2 - 2x + 6$

Zeichne die Graphen dieser zwei Funktionsgleichungen in ein kartesisches Koordinatensystem ein. Überprüfe, ob deine Berechnungen der beiden Scheitelpunkte im Ergebnis mit den gezeichneten Graphen übereinstimmen.

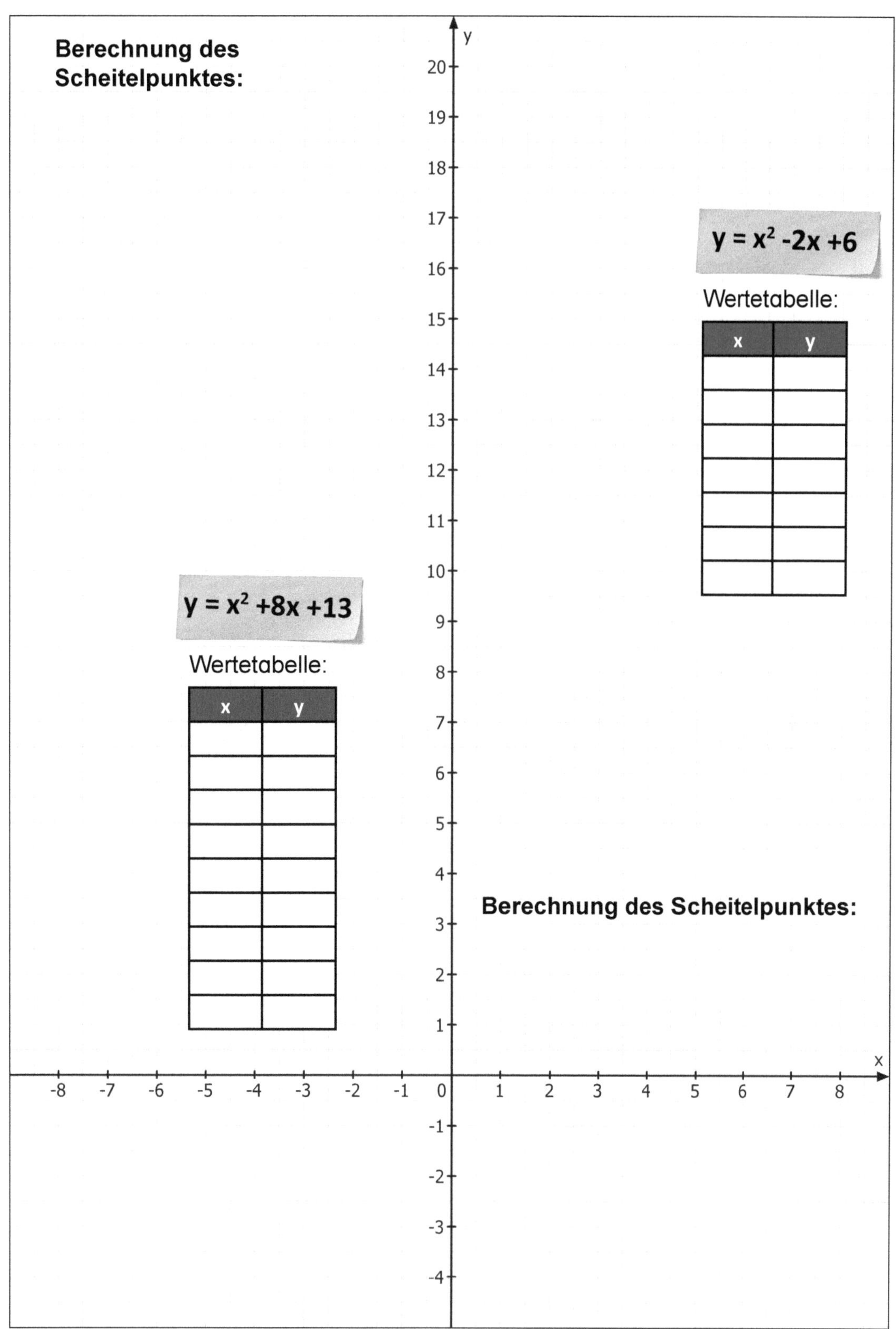

Quadratische Funktionen und Gleichungen - Bestell-Nr. 12 105

KOHL VERLAG

9 Bestimmung des Scheitelpunktes bei gemischtquadratischen Funktionen   Lösungen

Aufgabe 1: *Berechne jeweils den Scheitelpunkt der beiden Funktionsgleichungen:*

a) $y = x^2 + 8x + 13$
b) $y = x^2 - 2x + 6$

Zeichne die Graphen dieser zwei Funktionsgleichungen in ein kartesisches Koordinatensystem ein. Überprüfe, ob deine Berechnungen der beiden Scheitelpunkte im Ergebnis mit den gezeichneten Graphen übereinstimmen.

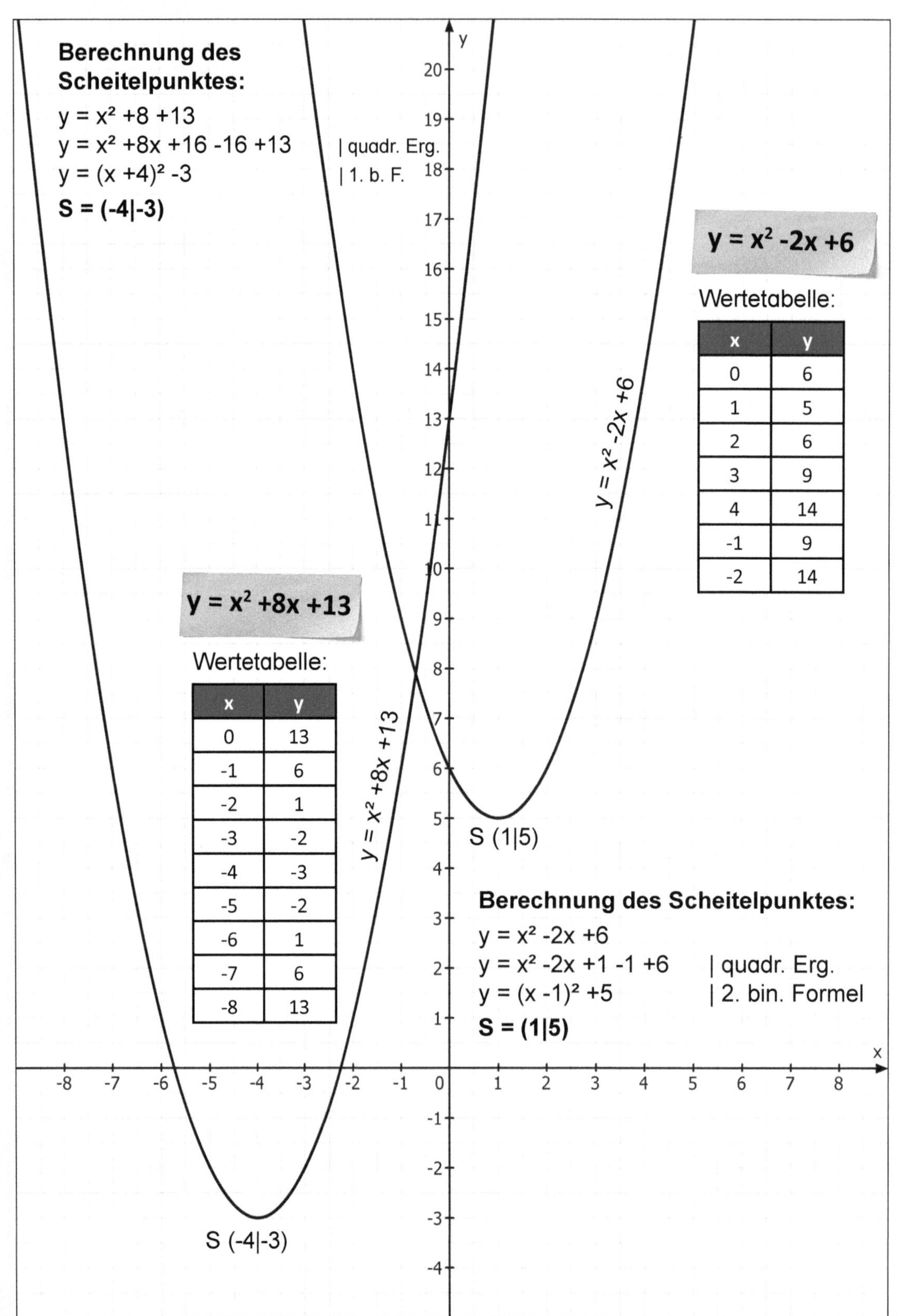

Berechnung des Scheitelpunktes:

$y = x^2 + 8 + 13$
$y = x^2 + 8x + 16 - 16 + 13$ | quadr. Erg.
$y = (x + 4)^2 - 3$ | 1. b. F.
S = (-4|-3)

$y = x^2 + 8x + 13$

Wertetabelle:

x	y
0	13
-1	6
-2	1
-3	-2
-4	-3
-5	-2
-6	1
-7	6
-8	13

$y = x^2 - 2x + 6$

Wertetabelle:

x	y
0	6
1	5
2	6
3	9
4	14
-1	9
-2	14

Berechnung des Scheitelpunktes:

$y = x^2 - 2x + 6$
$y = x^2 - 2x + 1 - 1 + 6$ | quadr. Erg.
$y = (x - 1)^2 + 5$ | 2. bin. Formel
S = (1|5)

KOHL VERLAG Quadratische Funktionen und Gleichungen - Bestell-Nr. 12 105

9 Bestimmung des Scheitelpunktes bei gemischtquadratischen Funktionen

Aufgabe 2: *Berechne jeweils den Scheitelpunkt der beiden Funktionsgleichungen:*

a) $y = -x^2 - 4x + 1$ **b)** $y = -x^2 + 10x - 4$

Zeichne die Graphen dieser zwei Funktionsgleichungen in ein kartesisches Koordinatensystem ein. Überprüfe, ob deine Berechnungen der beiden Scheitelpunkte im Ergebnis mit den gezeichneten Graphen übereinstimmen.

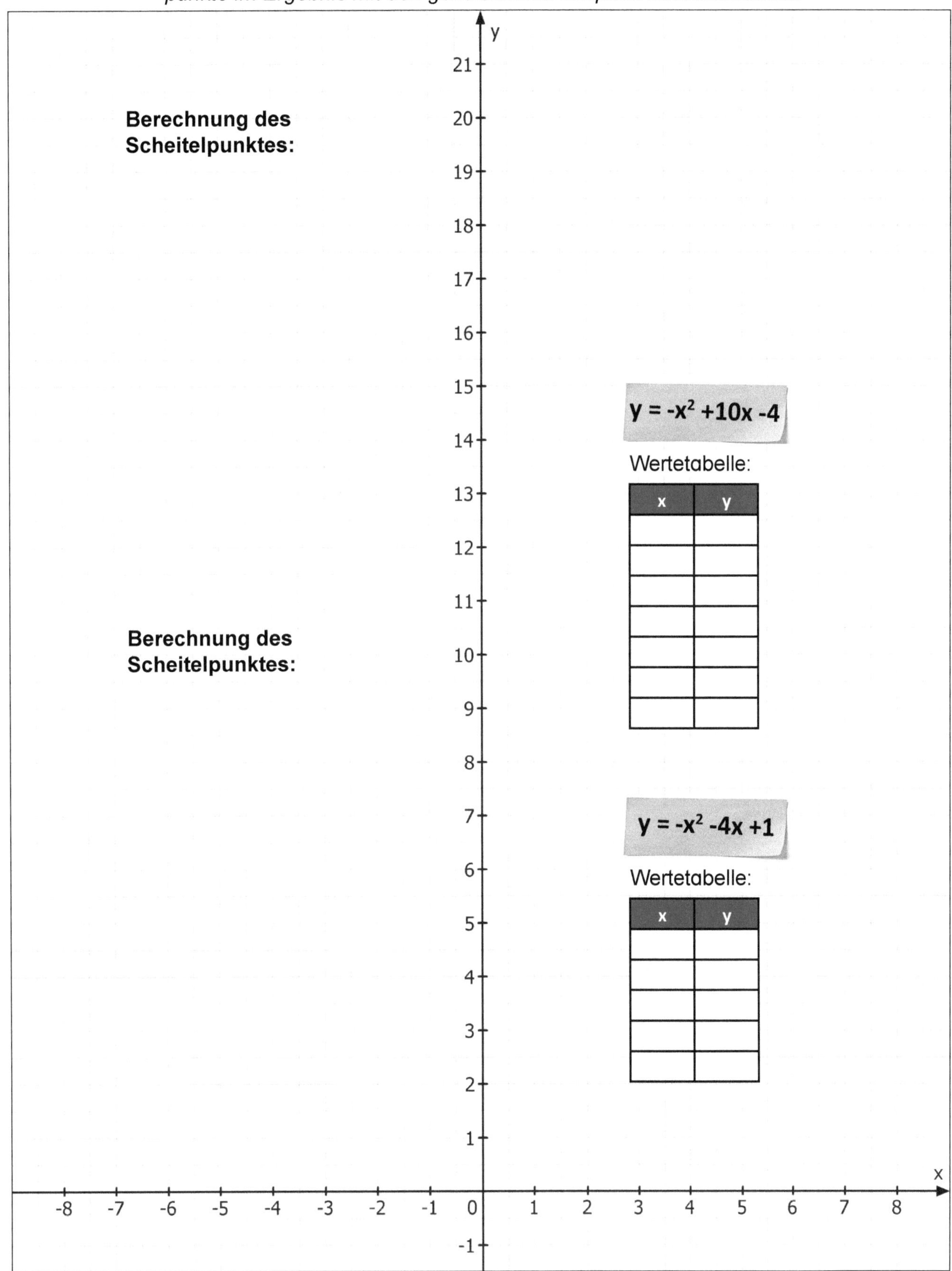

KOHL VERLAG Quadratische Funktionen und Gleichungen - Bestell-Nr. 12 105

9 Bestimmung des Scheitelpunktes bei gemischtquadratischen Funktionen Lösungen

Aufgabe 2: *Berechne jeweils den Scheitelpunkt der beiden Funktionsgleichungen:*

a) $y = -x^2 - 4x + 1$
b) $y = -x^2 + 10x - 4$

Zeichne die Graphen dieser zwei Funktionsgleichungen in ein kartesisches Koordinatensystem ein. Überprüfe, ob deine Berechnungen der beiden Scheitelpunkte im Ergebnis mit den gezeichneten Graphen übereinstimmen.

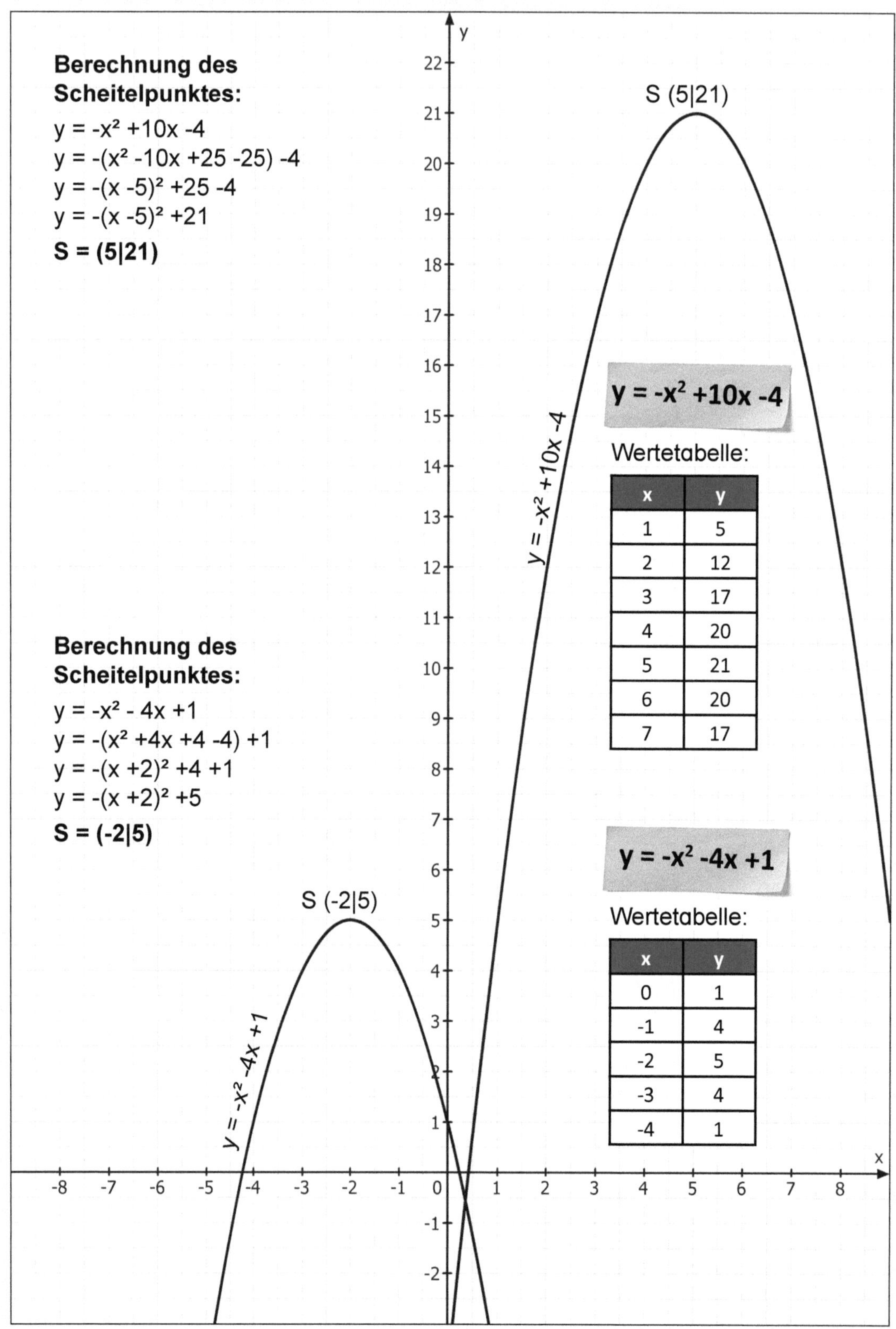

Berechnung des Scheitelpunktes:

$y = -x^2 + 10x - 4$
$y = -(x^2 - 10x + 25 - 25) - 4$
$y = -(x - 5)^2 + 25 - 4$
$y = -(x - 5)^2 + 21$
S = (5|21)

Berechnung des Scheitelpunktes:

$y = -x^2 - 4x + 1$
$y = -(x^2 + 4x + 4 - 4) + 1$
$y = -(x + 2)^2 + 4 + 1$
$y = -(x + 2)^2 + 5$
S = (-2|5)

$y = -x^2 + 10x - 4$

Wertetabelle:

x	y
1	5
2	12
3	17
4	20
5	21
6	20
7	17

$y = -x^2 - 4x + 1$

Wertetabelle:

x	y
0	1
-1	4
-2	5
-3	4
-4	1

9 Bestimmung des Scheitelpunktes bei gemischtquadratischen Funktionen

Eine quadratische Funktion: $y = x^2 + 4x - 12$

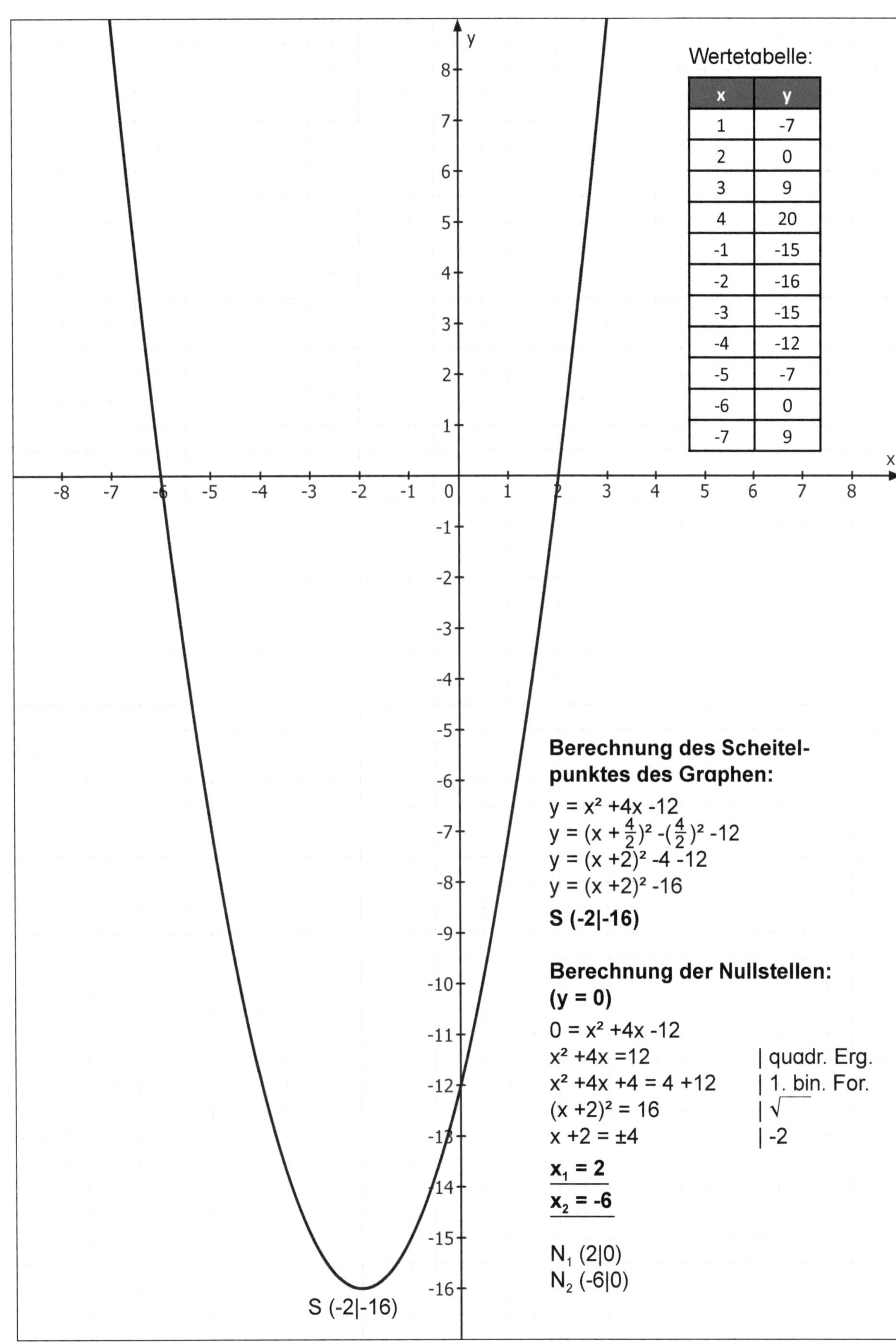

Wertetabelle:

x	y
1	-7
2	0
3	9
4	20
-1	-15
-2	-16
-3	-15
-4	-12
-5	-7
-6	0
-7	9

Berechnung des Scheitelpunktes des Graphen:

$y = x^2 + 4x - 12$

$y = (x + \frac{4}{2})^2 - (\frac{4}{2})^2 - 12$

$y = (x + 2)^2 - 4 - 12$

$y = (x + 2)^2 - 16$

S (-2|-16)

Berechnung der Nullstellen:
(y = 0)

$0 = x^2 + 4x - 12$

$x^2 + 4x = 12$ | quadr. Erg.

$x^2 + 4x + 4 = 4 + 12$ | 1. bin. For.

$(x + 2)^2 = 16$ | $\sqrt{}$

$x + 2 = \pm 4$ | -2

$\mathbf{x_1 = 2}$

$\mathbf{x_2 = -6}$

N_1 (2|0)
N_2 (-6|0)

9 Bestimmung des Scheitelpunktes bei gemischtquadratischen Funktionen

Gegeben ist folgende quadratische Funktion: $y = x^2 + 2x + 1$

Aufgabe 3: ***a)*** *Erstelle zu dieser Funktion eine Wertetabelle.*
b) *Zeichne den Graphen der Funktion.*
c) *Berechne den Scheitelpunkt und die Nullstellen des Graphen.*

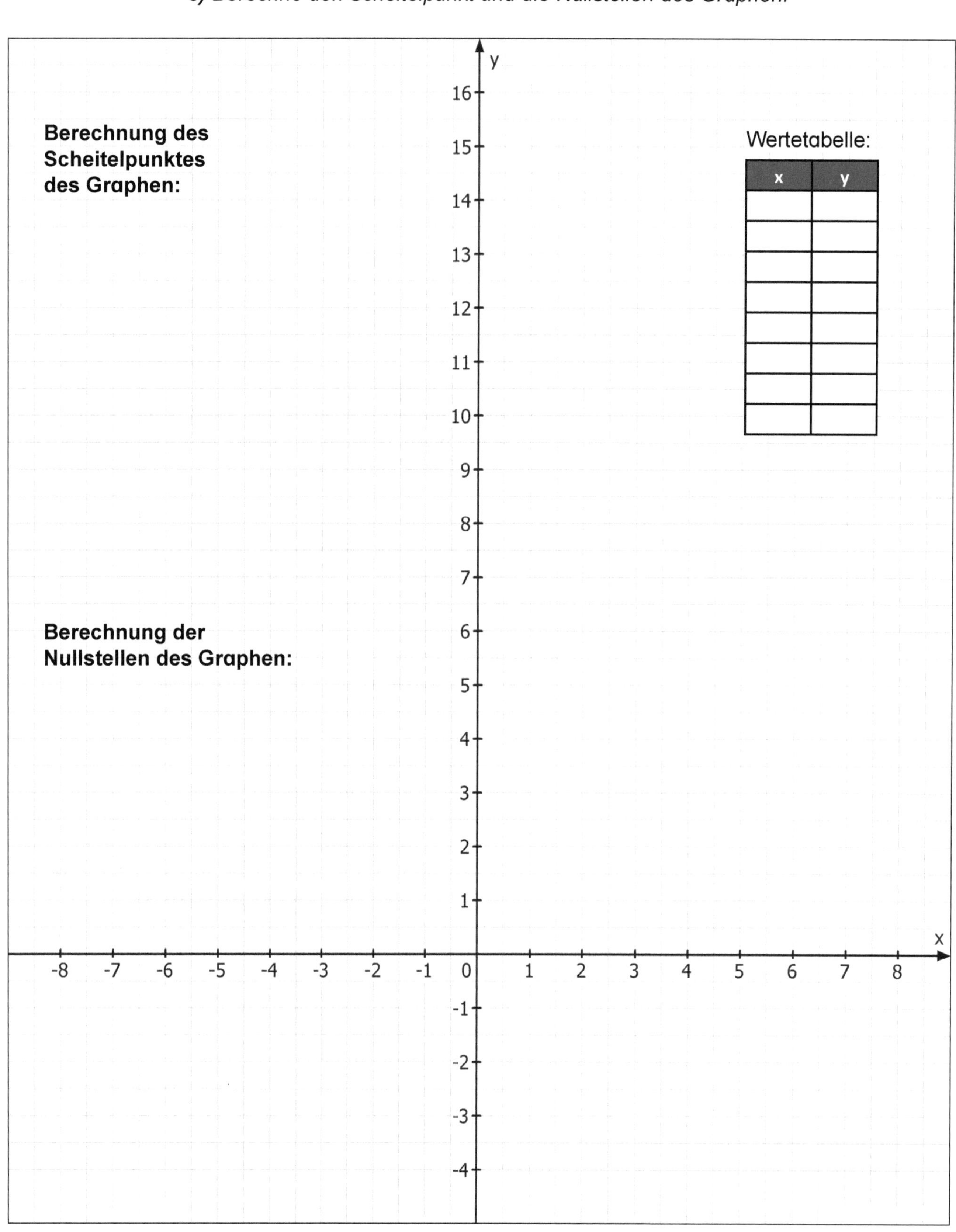

9 Bestimmung des Scheitelpunktes bei gemischtquadratischen Funktionen

Lösungen

Gegeben ist folgende quadratische Funktion: $y = x^2 + 2x + 1$

Aufgabe 3: *a) Erstelle zu dieser Funktion eine Wertetabelle.*
b) Zeichne den Graphen der Funktion.
c) Berechne den Scheitelpunkt und die Nullstellen des Graphen.

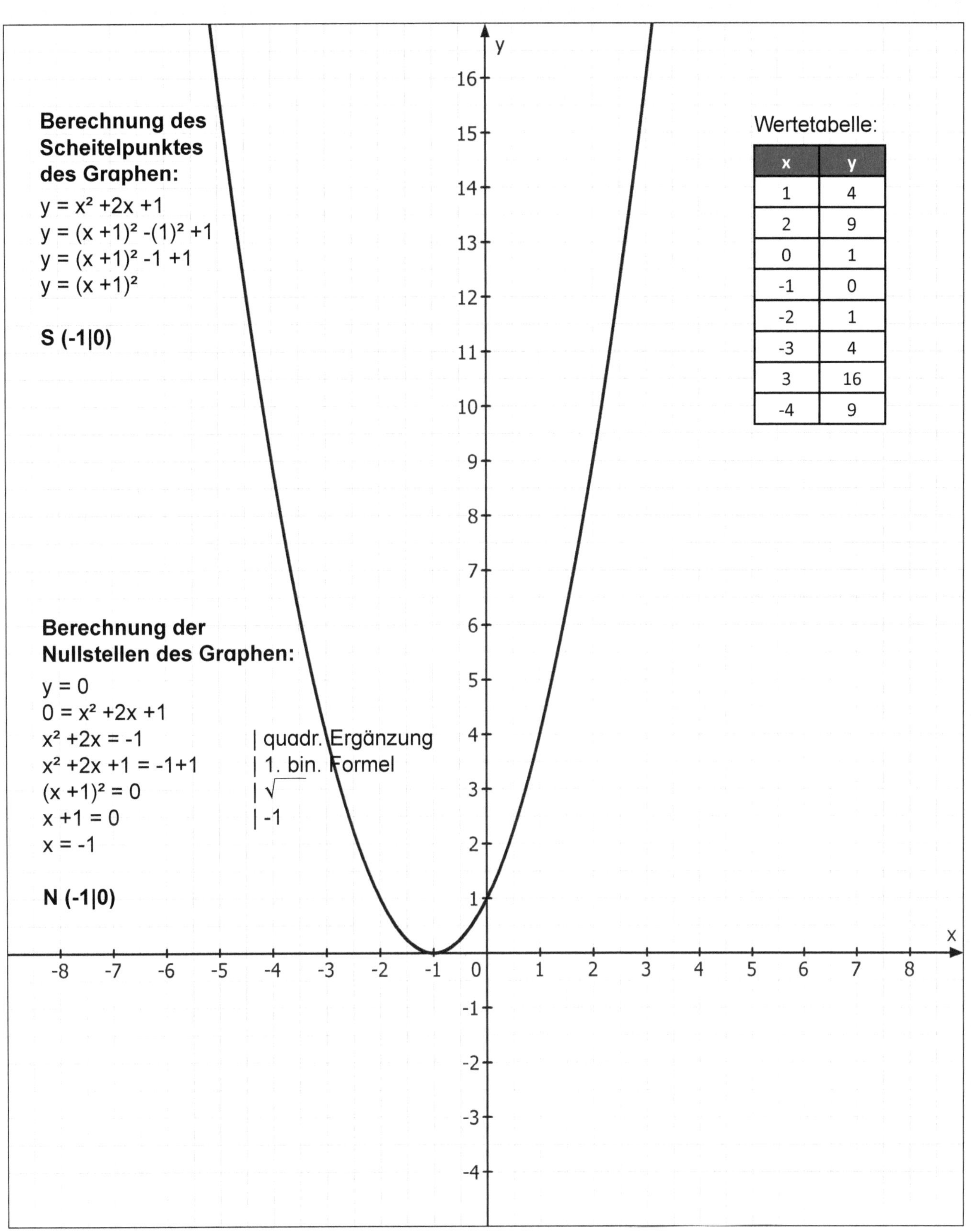

Berechnung des Scheitelpunktes des Graphen:

$y = x^2 + 2x + 1$
$y = (x + 1)^2 - (1)^2 + 1$
$y = (x + 1)^2 - 1 + 1$
$y = (x + 1)^2$

S (-1|0)

Berechnung der Nullstellen des Graphen:

$y = 0$
$0 = x^2 + 2x + 1$
$x^2 + 2x = -1$ | quadr. Ergänzung
$x^2 + 2x + 1 = -1 + 1$ | 1. bin. Formel
$(x + 1)^2 = 0$ | $\sqrt{}$
$x + 1 = 0$ | -1
$x = -1$

N (-1|0)

Wertetabelle:

x	y
1	4
2	9
0	1
-1	0
-2	1
-3	4
3	16
-4	9

9 Bestimmung des Scheitelpunktes bei gemischtquadratischen Funktionen

Gegeben sind die beiden Funktionsgleichungen:

$y = x^2 - 10x + 28$ und
$y = x^2 + 2x - 8$.

Aufgabe 4:

a) *Erstelle zu beiden Funktionsgleichungen jeweils eine Wertetabelle.*

b) *Zeichne die Graphen der Funktionsgleichungen im kartesischen Koordinatensystem ein.*

c) *Berechne jeweils den Scheitelpunkt der beiden Funktionsgleichungen.*

d) *Berechne die Nullstellen der Funktionsgleichungen* $y = x^2 + 2x - 8$.

e) *Berechne den Punkt, wo sich beide Funktionsgleichungen (graphisch) schneiden (= Schnittpunkt).*

Hinweis: Den Schnittpunkt berechnet man, indem man beide Funktionsgleichungen gleichsetzt:
$x^2 - 10x + 28 = x^2 + 2x - 8$ …

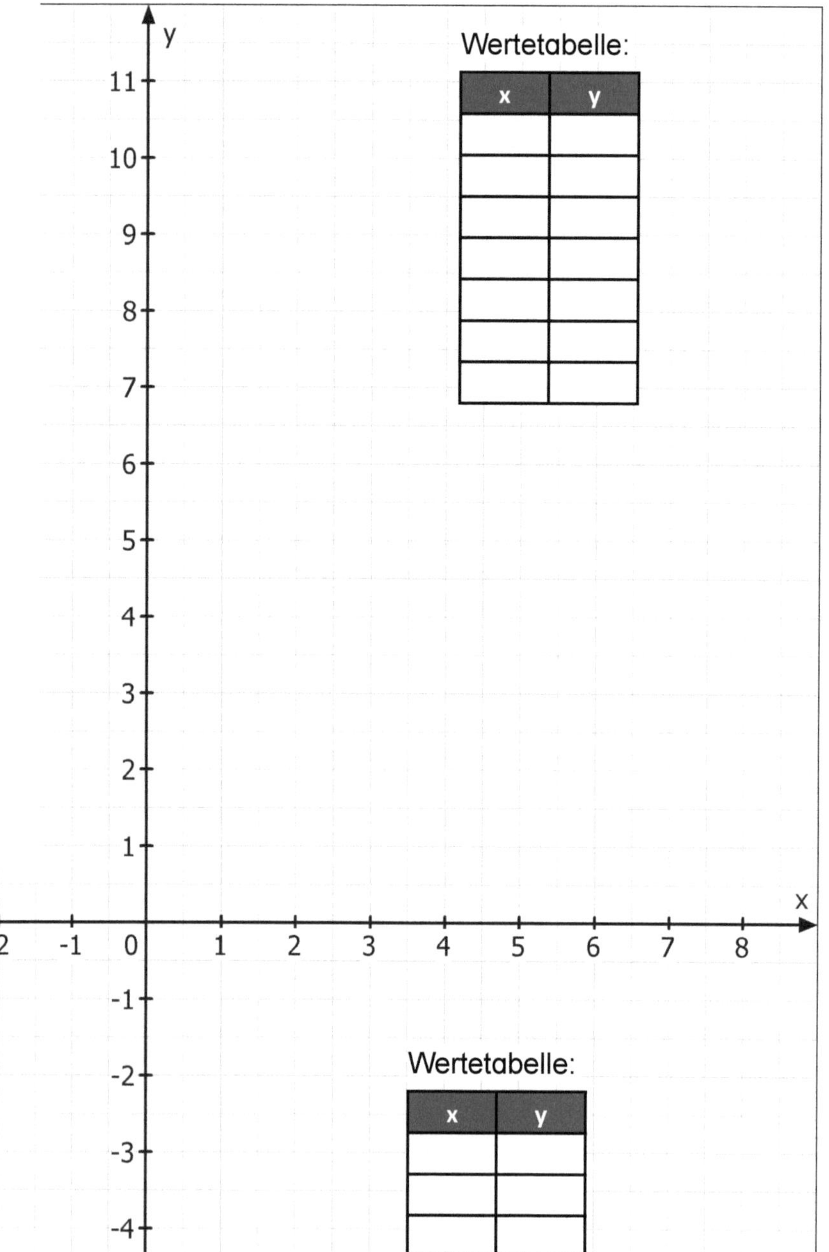

9 Bestimmung des Scheitelpunktes bei gemischtquadratischen Funktionen — Lösungen

Gegeben sind die beiden Funktionsgleichungen:
$y = x^2 -10x +28$ und
$y = x^2 +2x -8$.

Aufgabe 4:

a) *Erstelle zu beiden Funktionsgleichungen jeweils eine Wertetabelle.*

b) *Zeichne die Graphen der Funktionsgleichungen im kartesischen Koordinatensystem ein.*

c) *Berechne jeweils den Scheitelpunkt der beiden Funktionsgleichungen.*

d) *Berechne die Nullstellen der Funktionsgleichungen* $y = x^2 +2x -8$.

e) *Berechne den Punkt, wo sich beide Funktionsgleichungen (graphisch) schneiden (= Schnittpunkt).*

Hinweis: Den Schnittpunkt berechnet man, indem man beide Funktionsgleichungen gleichsetzt:
$y = x^2 -10x + 28 = y = x^2 +2x -8$ …

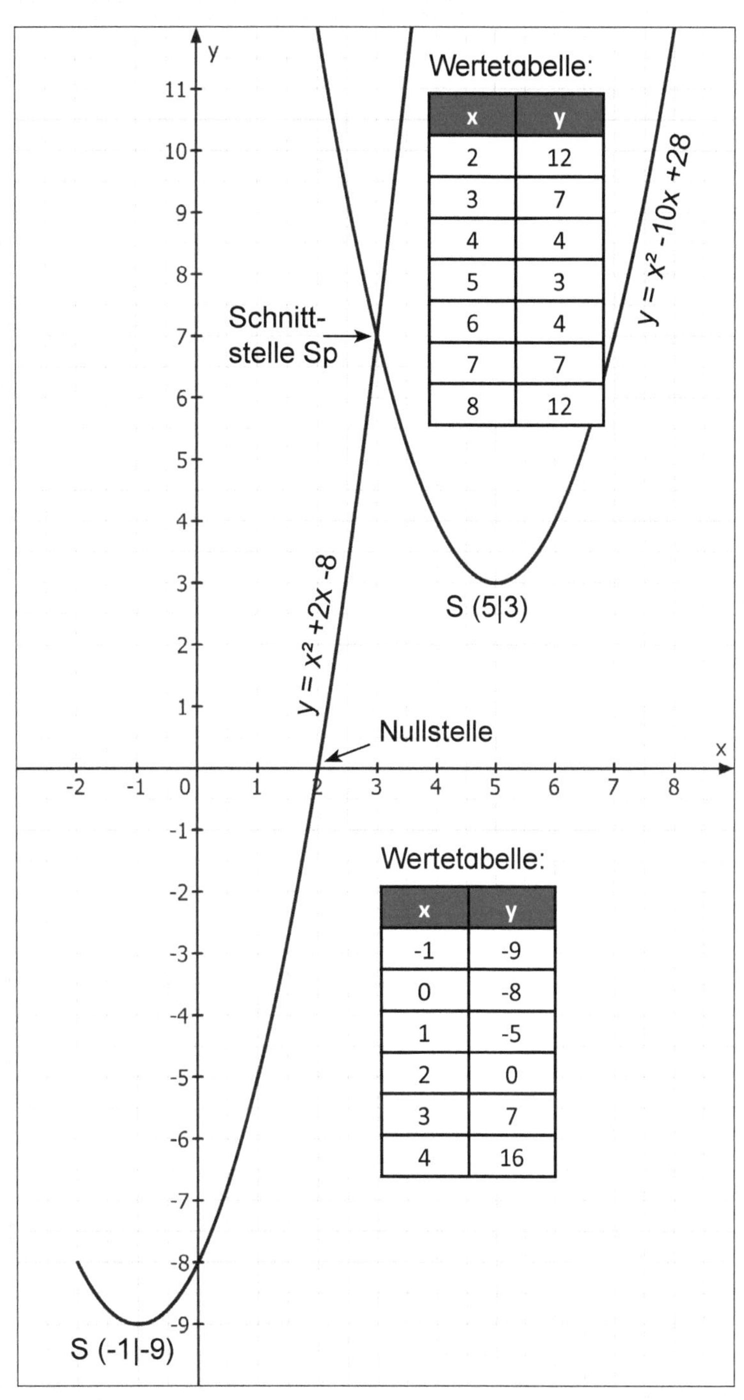

x	y
2	12
3	7
4	4
5	3
6	4
7	7
8	12

x	y
-1	-9
0	-8
1	-5
2	0
3	7
4	16

Lösung zu c)

$y = x^2 -10x +28$ | quadr. Erg.
$y = x^2 -10x +25 -25 +28$ | 2. bin. Form.
$y = (x -5)^2 +3$
S (5|3)

$y = x^2 +2x -8$ | quadr. Erg.
$y = x^2 +2x +1 -1 -8$ | 1. bin. Form.
$y = (x +1)^2 -9$
S (-1|-9)

Lösung zu d)

Nullstellen:
$y = 0$
$0 = x^2 +2x -8$ | +8
$8 = x^2 +2x$ | Seitentausch
$x^2 +2x = 8$ | quadr. Erg.
$x^2 +2x -1 = 8 +1$ | 1. bin. Formel
$(x +1)^2 = 9$ | $\sqrt{\ }$
$x +1 = \pm 3$ | -1

$\underline{x_1 = 2}$ $\underline{x_2 = -4}$
$N_1(2|0)$ $N_2(-4|0)$

Lösung zu e)

Schnittpunkt Gleichsetzung:
$x^2 -10x +28 = x^2 +2x -8$ | $-x^2$
$-10x +28 = 2x -8$ | -2x
$-12x +28 = -8$ | -28
$-12x = -36$ | : (-12)
$\underline{x = 3}$

x = 3 eingesetzt in II:
$y = 3^2 + 2 \cdot 3 -8$
$y = 9 +6 -8$
$y = 7$
Sp = (3|7)

10 Textaufgaben

Aufgabe 1: *Der Buchstabe V wird auf einem Dach als Parabel $y = x^2$ dargestellt. Welche Höhe hat der Buchstabe V, wenn oben zwischen den beiden Strängen ein Abstand von 3 m besteht?*

Zeichne im kartesischen Koordinatensystem den Graphen der Funktionsgleichung ein und zeige die Lösung der Aufgabe auf.

Aufgabe 2: *Ein Eisenbogen hat die Form der Parabel $y = -x^2 + 12,25$.
Wie breit steht unten der Eisenbogen auseinander?*

Zeichne im kartesischen Koordinatensystem den Graphen der Funktionsgleichung ein und zeige die Lösung der Aufgabe auf.

KOHL VERLAG Quadratische Funktionen und Gleichungen • Bestell-Nr. 12 105

10 Textaufgaben

Lösungen

Aufgabe 1: *Der Buchstabe V wird auf einem Dach als Parabel $y = x^2$ dargestellt. Welche Höhe hat der Buchstabe V, wenn oben zwischen den beiden Strängen ein Abstand von 3 m besteht?*

Zeichne im kartesischen Koordinatensystem den Graphen der Funktionsgleichung ein und zeige die Lösung der Aufgabe auf.

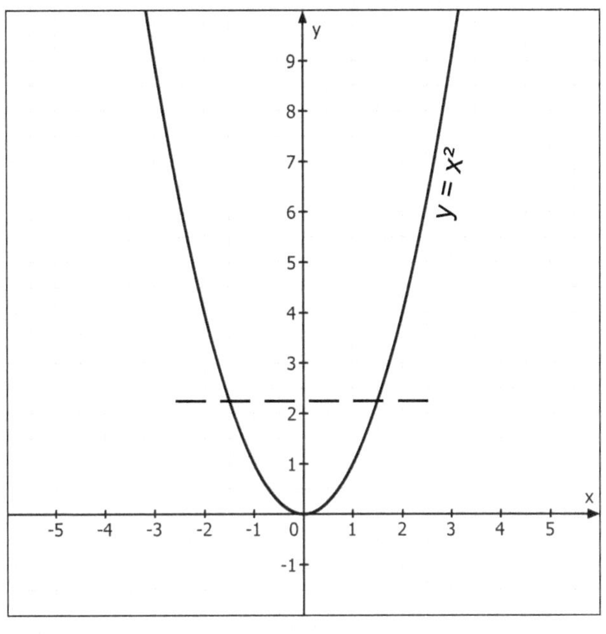

In der Höhe von 2,25 Metern besteht ein Abstand von 3 Metern zwischen beiden Strängen des Buchstabens.

Aufgabe 2: *Ein Eisenbogen hat die Form der Parabel $y = -x^2 + 12,25$. Wie breit steht unten der Eisenbogen auseinander?*

Zeichne im kartesischen Koordinatensystem den Graphen der Funktionsgleichung ein und zeige die Lösung der Aufgabe auf.

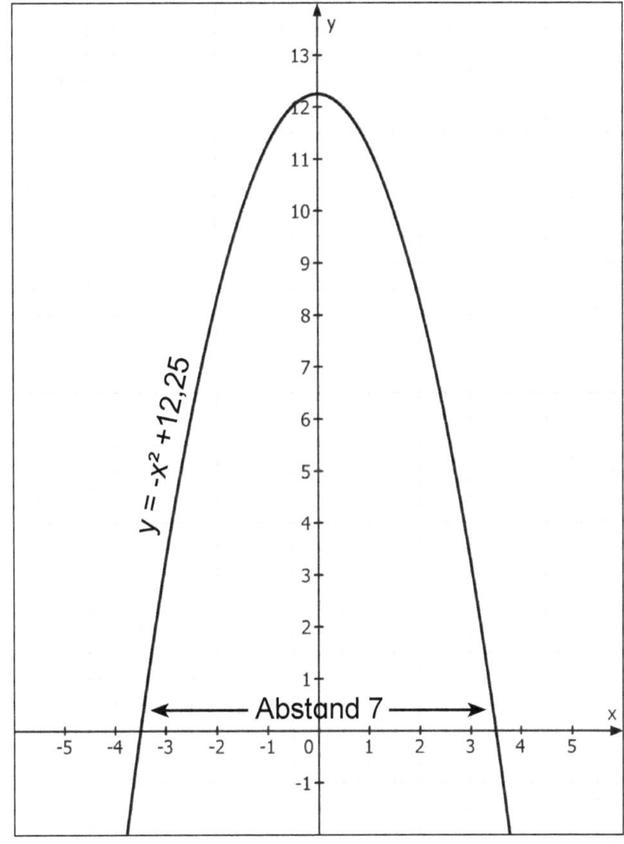

Unten steht der Eisenbogen 7 Einheiten (z. B. 7 m, wenn Angaben in Metern) auseinander.

Quadratische Funktionen und Gleichungen - Bestell-Nr. 12 105

10 Textaufgaben

Aufgabe 3: *Eine Kerbe in einem dicken Holzbalken hat die Form der Parabel $y = x^2 - 9$. Wie breit ist die Kerbe oben, wenn die senkrechte Tiefe der Kerbe 9 cm beträgt?*

Zeichne im kartesischen Koordinatensystem den Verlauf der Kerbe (= Graph) ein und zeige die Lösung der Aufgabe auf.

Aufgabe 4: *Die Durchfahrt durch ein Tor weist die Form der Parabel $y = -x^2 + 4$ auf. Finde heraus, ob ein 3 m breites und 2 m hohes Fahrzeug ohne Schaden durch die Durchfahrt kommt.*

Zeichne im kartesischen Koordinatensystem den Verlauf der Durchfahrt (= Graph) ein und stelle die Lösung der Aufgabe dar.

Wertetabelle:

x	y

10 Textaufgaben

Lösungen

Aufgabe 3: *Eine Kerbe in einem dicken Holzbalken hat die Form der Parabel $y = x^2 -9$. Wie breit ist die Kerbe oben, wenn die senkrechte Tiefe der Kerbe 9 cm beträgt?*

Zeichne im kartesischen Koordinatensystem den Verlauf der Kerbe (= Graph) ein und zeige die Lösung der Aufgabe auf.

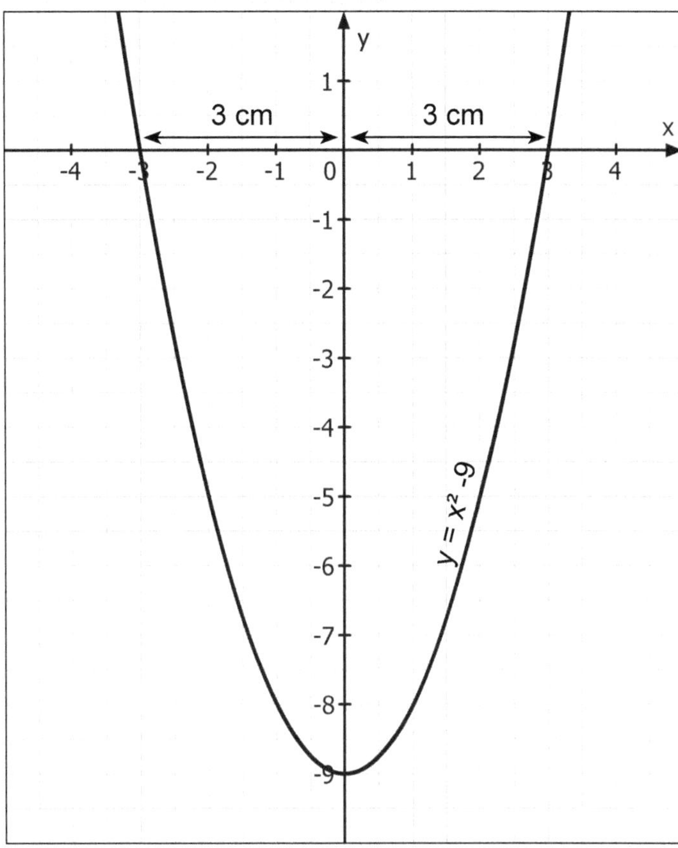

Antwort:
Die Kerbe in dem Holzbalken hat oben eine Breite von 6 cm.

Aufgabe 4: *Die Durchfahrt durch ein Tor weist die Form der Parabel $y = -x^2 +4$ auf. Finde heraus, ob ein 3 m breites und 2 m hohes Fahrzeug ohne Schaden durch die Durchfahrt kommt.*

Zeichne im kartesischen Koordinatensystem den Verlauf der Durchfahrt (= Graph) ein und stelle die Lösung der Aufgabe dar.

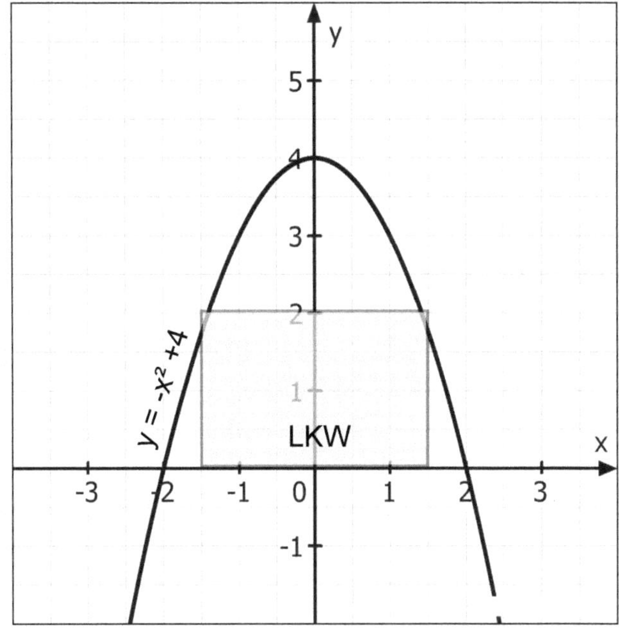

Wertetabelle:

x	y
1,5	1,75
-1,5	-1,75

Beim x-Wert 1,5 und -1,5 beträgt der y-Wert jeweils 1,75, also nicht mehr als 2. Folglich kommt das 2 m hohe Fahrzeug nicht ohne Schaden durch die Tordurchfahrt.

Aufgabe 5: *Bei einem Pressschlag zwischen 2 gegnerischen Fußballspielern steigt der Ball parabelförmig ($y = -x^2 + 16$) in die Höhe und prallt danach in 8 Meter Entfernung vom Pressschlag auf dem Boden auf.*

Zeichne den parabelförmigen Weg des Balles in einem Koordinatensystem ein und stelle zum Graphen eine Wertetabelle auf.

Wertetabelle:

x	y

10 Textaufgaben

Lösungen

Aufgabe 5: *Bei einem Pressschlag zwischen 2 gegnerischen Fußballspielern steigt der Ball parabelförmig ($y = -x^2 + 16$) in die Höhe und prallt danach in 8 Meter Entfernung vom Pressschlag auf dem Boden auf.*

Zeichne den parabelförmigen Weg des Balles in einem Koordinatensystem ein und stelle zum Graphen eine Wertetabelle auf.

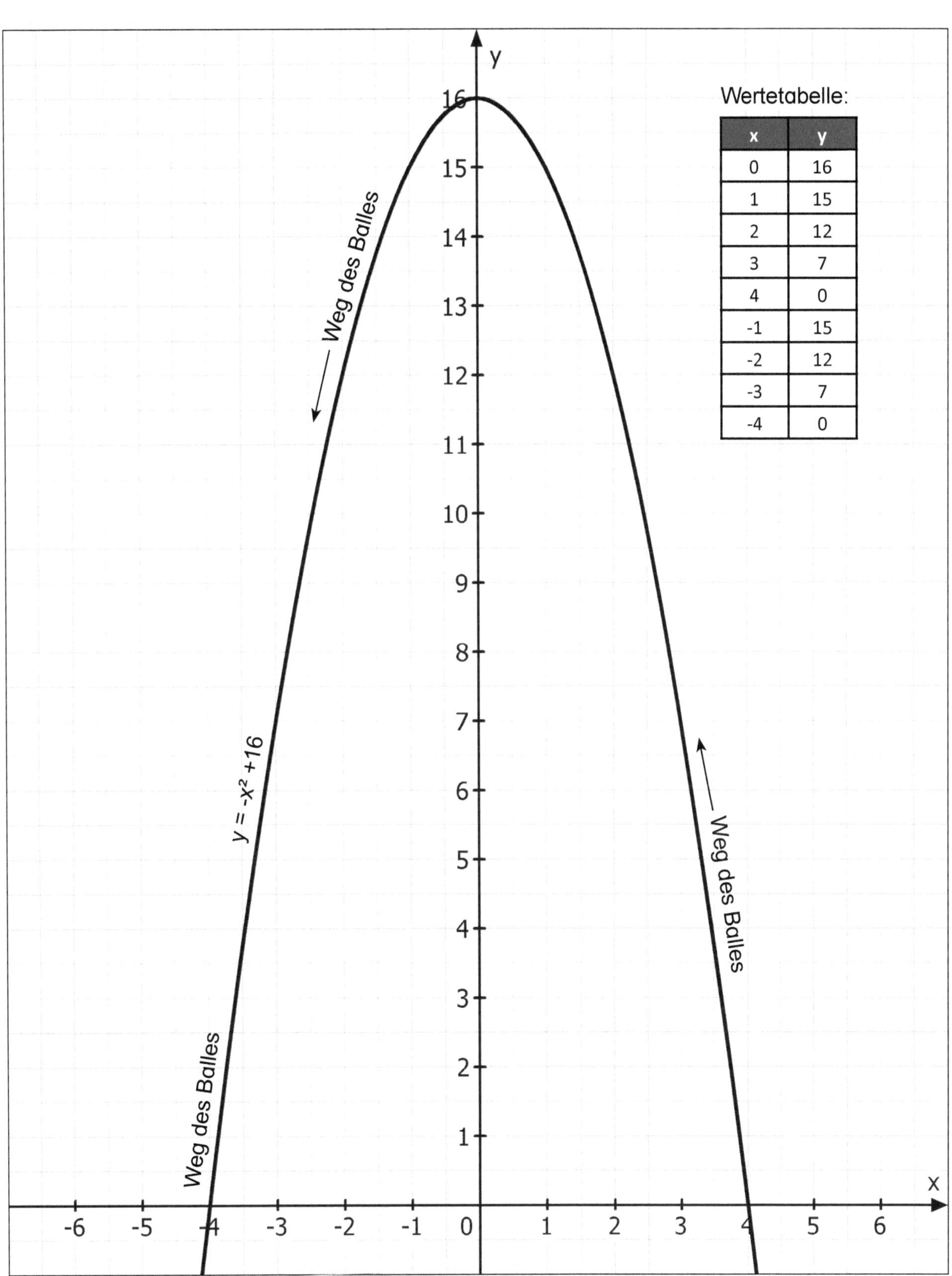

x	y
0	16
1	15
2	12
3	7
4	0
-1	15
-2	12
-3	7
-4	0

Aufgabe 6: *Bei einem missglückten Abschlag eines Fußballtorhüters fliegt der Ball parabelförmig ($y = -x^2 + 25$) hoch in die Luft. Danach springt der Ball 10 Meter von der Stelle des Abschlags entfernt auf den Boden.*

Zeichne den parabelförmigen Weg des Balles in einem Koordinatensystem ein und stelle zum Graphen eine Wertetabelle auf.

Wertetabelle:

x	y

10 Textaufgaben

Lösungen

Aufgabe 6: *Bei einem missglückten Abschlag eines Fußballtorhüters fliegt der Ball parabelförmig ($y = -x^2 + 25$) hoch in die Luft. Danach springt der Ball 10 Meter von der Stelle des Abschlags entfernt auf den Boden.*

Zeichne den parabelförmigen Weg des Balles in einem Koordinatensystem ein und stelle zum Graphen eine Wertetabelle auf.

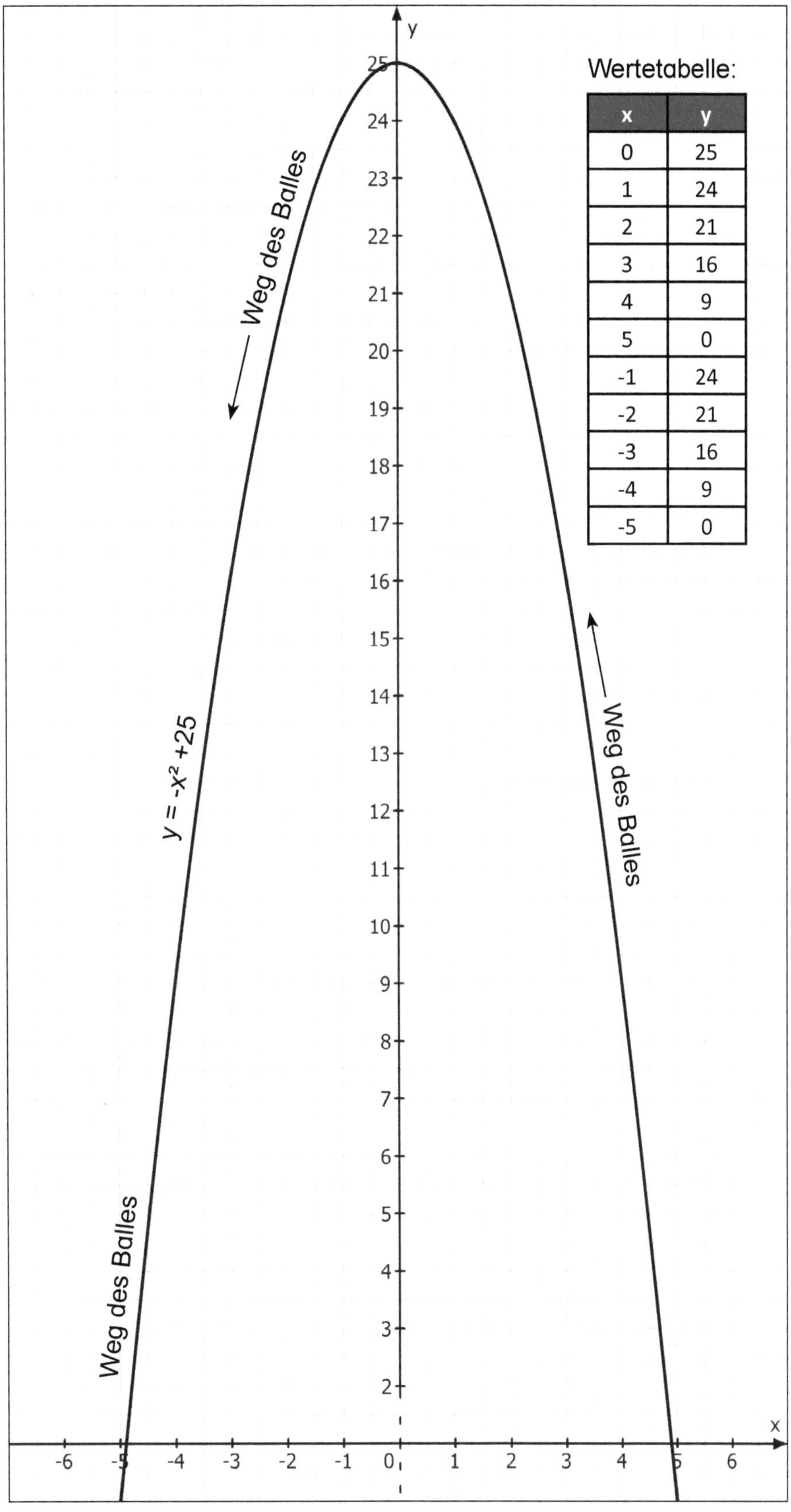

Wertetabelle:

x	y
0	25
1	24
2	21
3	16
4	9
5	0
-1	24
-2	21
-3	16
-4	9
-5	0

Weg des Balles

Weg des Balles

Weg des Balles

$y = -x^2 + 25$

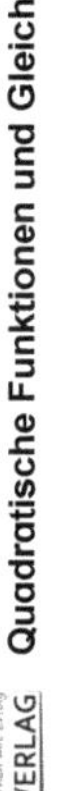

11 Quadratische Funktionen: Test I

Aufgabe 1: *Ergänze zu folgenden zwei Funktionsgleichungen die fehlenden y-Werte in den Wertetabellen.*

a) $y = x^2 - 4$ Wertetabelle:

x	1	2	0	-1	-2
y					

b) $y = -x^2 + 1$ Wertetabelle:

x	1	2	0	-1	-2
y					

Aufgabe 2:
Zeichne die Graphen der beiden Funktionsgleichungen.
$y = x^2 - 4$ und $y = -x^2 + 1$
in das kartesische Koordinatensystem ein.

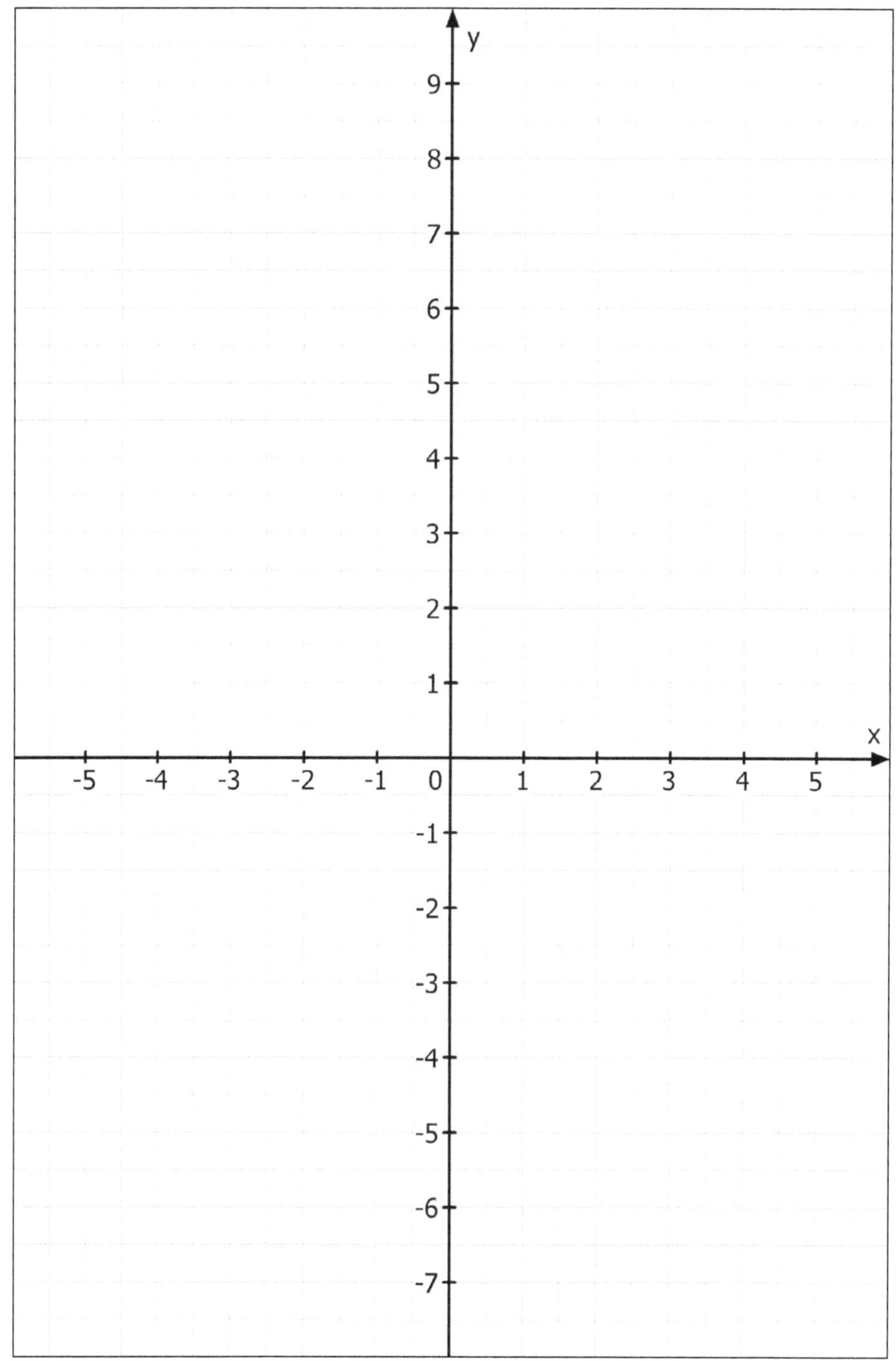

Aufgabe 3:
Nenne die Scheitelpunkte der beiden Funktionsgleichungen.
$y = x^2 - 4$ und $y = -x^2 + 1$

Scheitelpunkt der Funktionsgleichung $y = x^2 - 4$:

____

Scheitelpunkt der Funktionsgleichung $y = -x^2 + 1$:

____

Aufgabe 4:
Wie heißen die Nullstellen der beiden Funktionsgleichungen?
$y = x^2 - 4$ und $y = -x^2 + 1$

Nullstellen der Funktionsgleichung $y = x^2 - 4$:

____

Nullstellen der Funktionsgleichung $y = -x^2 + 1$:

____

11 Quadratische Funktionen: Test I

Lösungen

Aufgabe 1: *Ergänze zu folgenden zwei Funktionsgleichungen die fehlenden y-Werte in den Wertetabellen.*

a) $y = x^2 - 4$ Wertetabelle:

x	1	2	0	-1	-2
y	-3	0	-4	-3	0

b) $y = -x^2 + 1$ Wertetabelle:

x	1	2	0	-1	-2
y	0	-3	1	0	-3

Aufgabe 2:
Zeichne die Graphen der beiden Funktionsgleichungen.
$y = x^2 - 4$ und $y = -x^2 + 1$
in das kartesische Koordinatensystem ein.

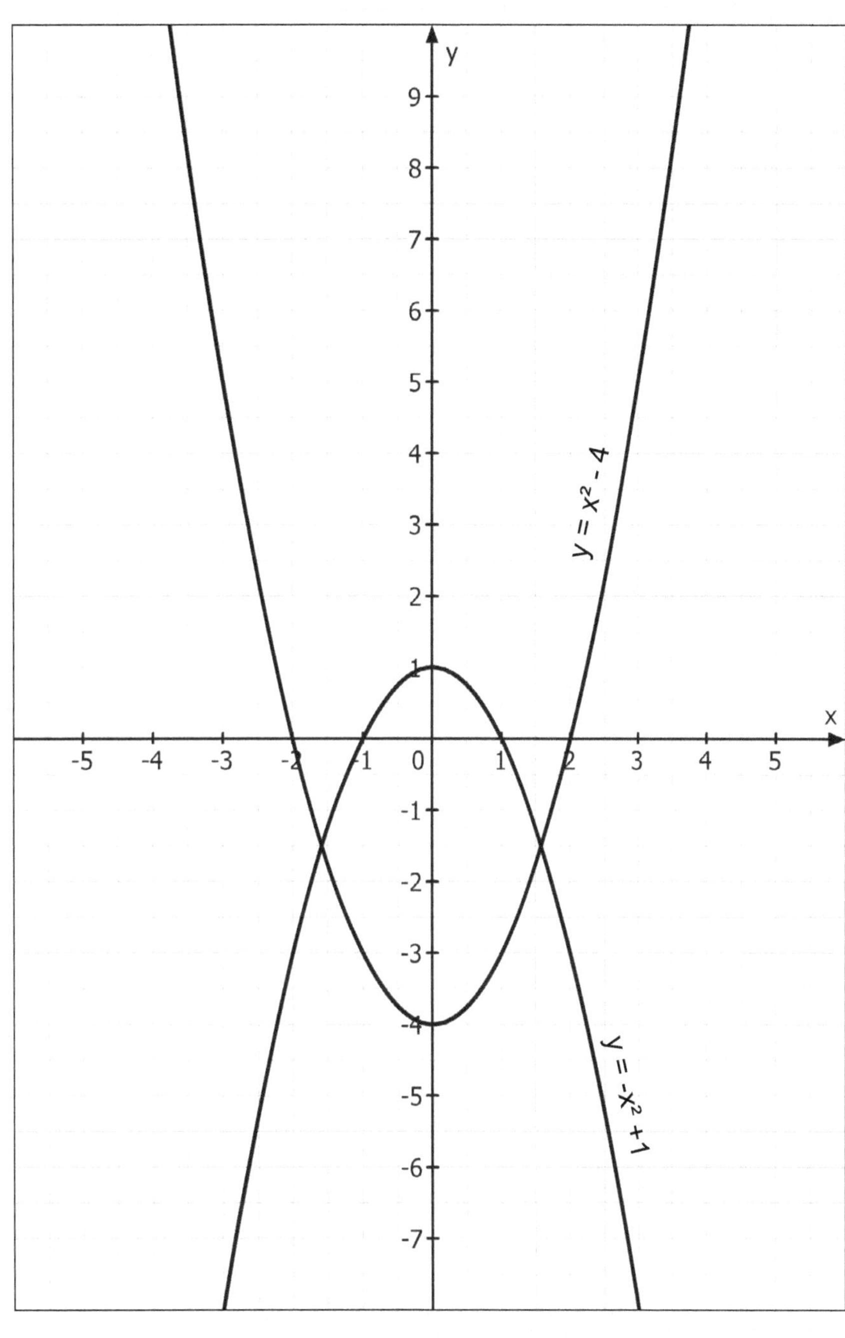

Aufgabe 3:
Nenne die Scheitelpunkte der beiden Funktionsgleichungen.
$y = x^2 - 4$ und $y = -x^2 + 1$

Scheitelpunkt der Funktionsgleichung
$y = x^2 - 4$:
S (0|-4)

Scheitelpunkt der Funktionsgleichung
$y = -x^2 + 1$:
S (0|1)

Aufgabe 4:
Wie heißen die Nullstellen der beiden Funktionsgleichungen?
$y = x^2 - 4$ und $y = -x^2 + 1$

Nullstellen der Funktionsgleichung
$y = x^2 - 4$:
$\mathbf{x_1 = 2; x_2 = -2}$
N_1 (2|0); N_2 (-2|0)

Nullstellen der Funktionsgleichung
$y = -x^2 + 1$:
$\mathbf{x_1 = 1; x_2 = -1}$
N_1 (1|0); N_2 (-1|0)

KOHL VERLAG Quadratische Funktionen und Gleichungen - Bestell-Nr. 12 105

11 Quadratische Funktionen: Test I

Aufgabe 5: *Ergänze zu folgenden zwei Funktionsgleichungen die fehlenden y-Werte in den Wertetabellen.*

a) $y = (x - 2)^2 - 4$ Wertetabelle:

x	1	2	0	-1	-2
y					

b) $y = -(x + 3)^2 + 1$ Wertetabelle:

x	0	-1	-2	-3	-4
y					

Aufgabe 6:

Zeichne die Graphen der beiden Funktionsgleichungen

$y = (x - 2)^2 - 4$ und

$y = -(x + 3)^2 + 1$

in das kartesische Koordinatensystem ein.

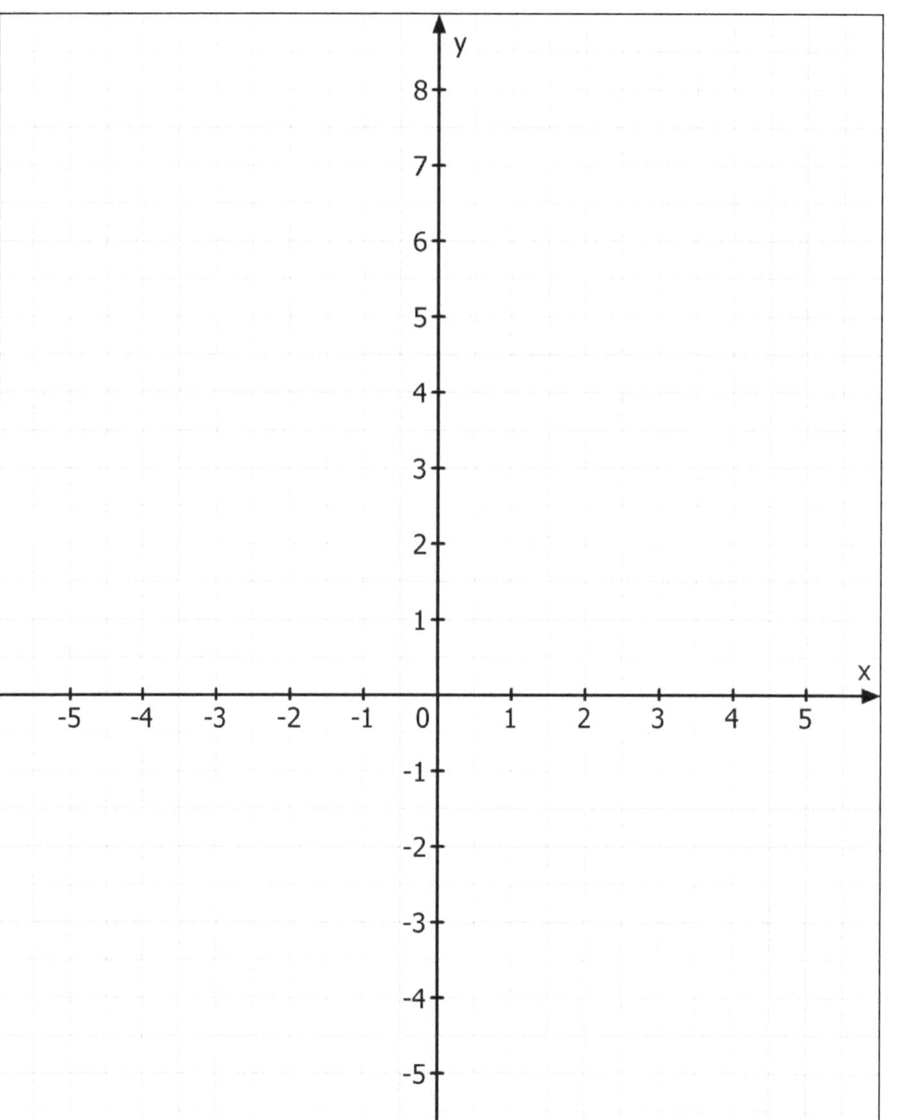

Aufgabe 7:

Nenne die Scheitelpunkte der beiden Funktionsgleichungen

$y = (x - 2)^2 - 4$ und

$y = -(x + 3)^2 + 1$

Scheitelpunkt der Funktionsgleichung $y = (x - 2)^2 - 4$:

____

Scheitelpunkt der Funktionsgleichung $y = -(x + 3)^2 + 1$:

____

Aufgabe 8:

Wie heißen die Nullstellen der beiden Funktionsgleichungen?

$y = (x - 2)^2 - 4$ und

$y = -(x + 3)^2 + 1$

Nullstellen der Funktionsgleichung $y = (x - 2)^2 - 4$:

____

Nullstellen der Funktionsgleichung $y = -(x + 3)^2 + 1$:

____

11 Quadratische Funktionen: Test I

Lösungen

Aufgabe 5: *Ergänze zu folgenden zwei Funktionsgleichungen die fehlenden y-Werte in den Wertetabellen.*

a) $y = (x - 2)^2 - 4$ Wertetabelle:

x	1	2	0	-1	-2
y	-3	-4	0	5	12

b) $y = -(x + 3)^2 + 1$ Wertetabelle:

x	0	-1	-2	-3	-4
y	-8	3	0	1	0

Aufgabe 6:

Zeichne die Graphen der beiden Funktionsgleichungen

$y = (x - 2)^2 - 4$ und

$y = -(x + 3)^2 + 1$

in das kartesische Koordinatensystem ein.

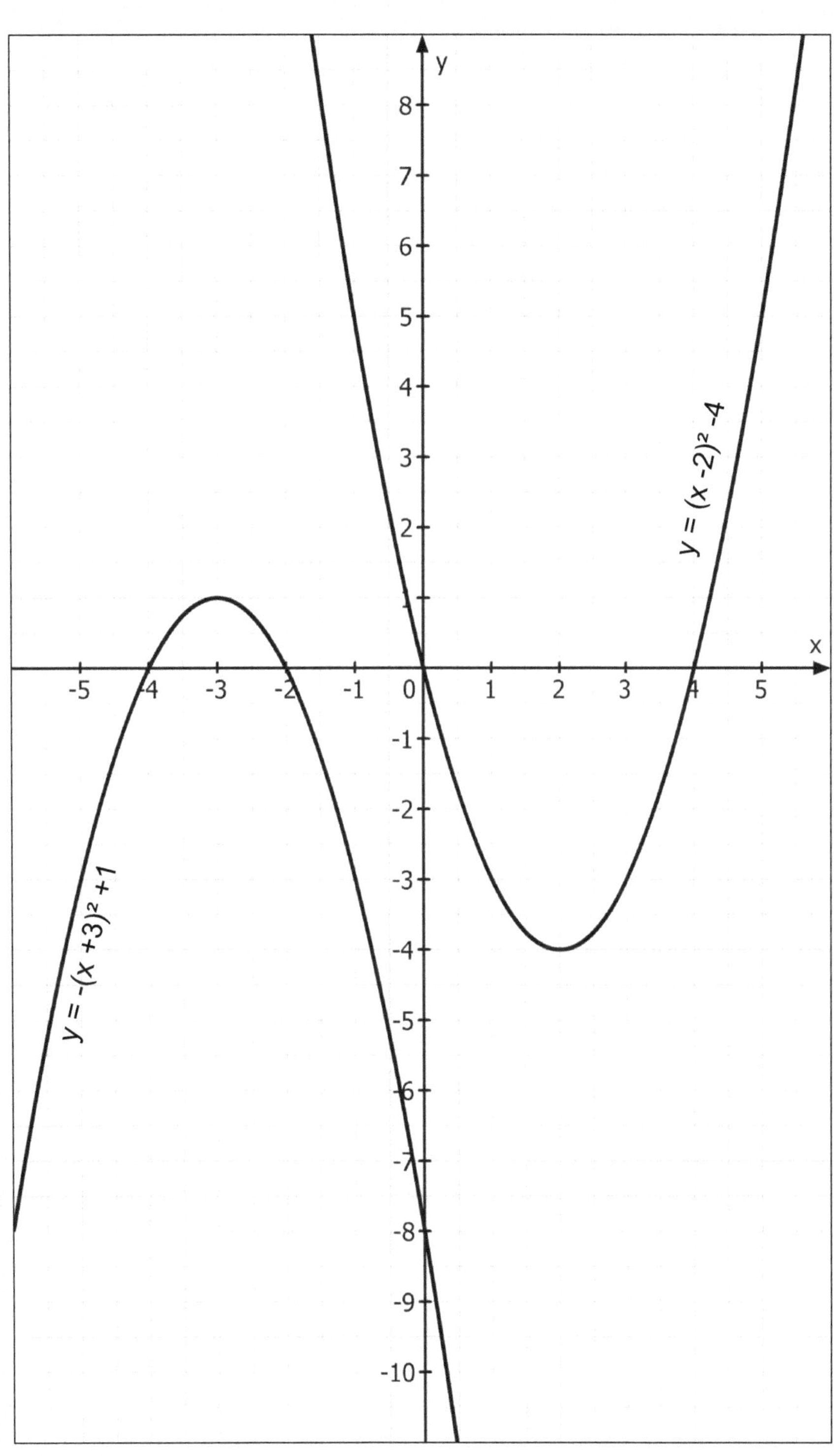

Aufgabe 7:

Nenne die Scheitelpunkte der beiden Funktionsgleichungen

$y = (x - 2)^2 - 4$ und

$y = -(x + 3)^2 + 1$

Scheitelpunkt der Funktionsgleichung

$y = (x - 2)^2 - 4$:

S (2|-4)

Scheitelpunkt der Funktionsgleichung

$y = -(x + 3)^2 + 1$:

S (-3|1)

Aufgabe 8:

Wie heißen die Nullstellen der beiden Funktionsgleichungen?

$y = (x - 2)^2 - 4$ und

$y = -(x + 3)^2 + 1$

Nullstellen der Funktionsgleichung $y = (x - 2)^2 - 4$:

$\mathbf{x_1 = 4; x_2 = 0}$

N_1 (4|0); N_2 (0|0)

Nullstellen der Funktionsgleichung $y = -(x + 3)^2 + 1$:

$\mathbf{x_1 = -2; x_2 = -4}$

N_1 (-2|0); N_2 (-4|0)

KOHL VERLAG Quadratische Funktionen und Gleichungen - Bestell-Nr. 12 105

11 Quadratische Funktionen: Test I

Aufgabe 9: *Gib für folgende Funktionsgleichungen die Koordinaten der Scheitelpunkte an.*

Funktionsgleichungen:	Koordinaten der Scheitelpunkte: (y|x)
$y = x^2 + 6$	
$y = -x^2 - 2$	
$y = (x + 1)^2$	
$y = -(x - 4)^2$	
$y = (x - 5)^2 + 3$	
$y = -(x + 7)^2 - 1$	

Aufgabe 10: *Wie heißen die Funktionsgleichungen der anschließend gezeichneten Graphen?*

y = ____________________

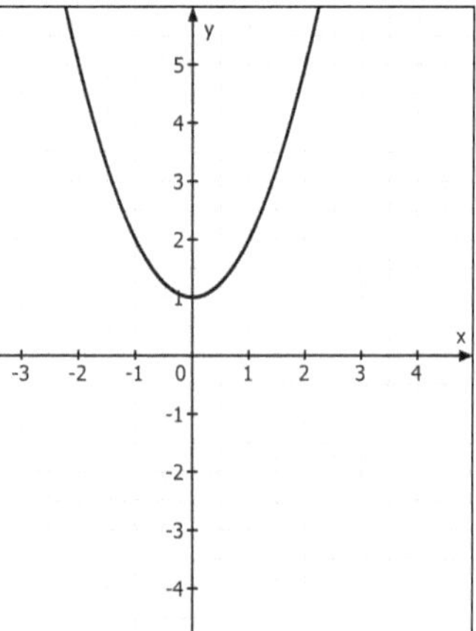

y = ____________________

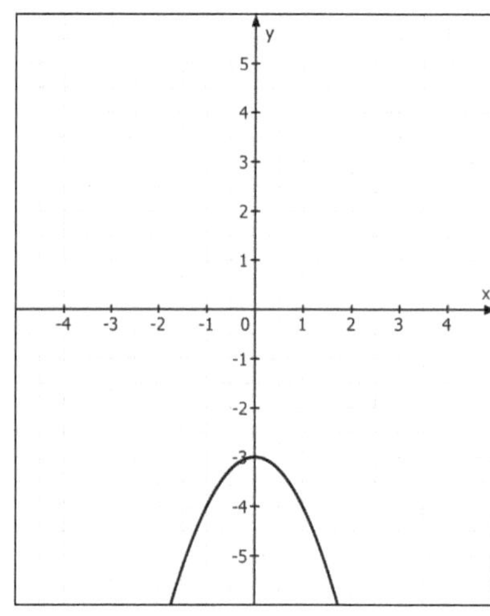

y = ____________________

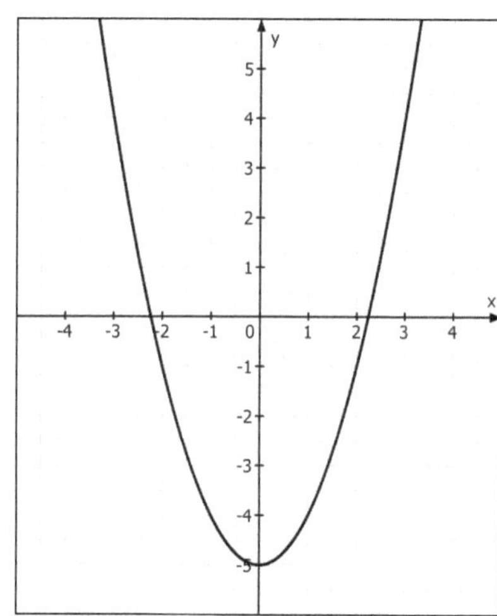

y = ____________________

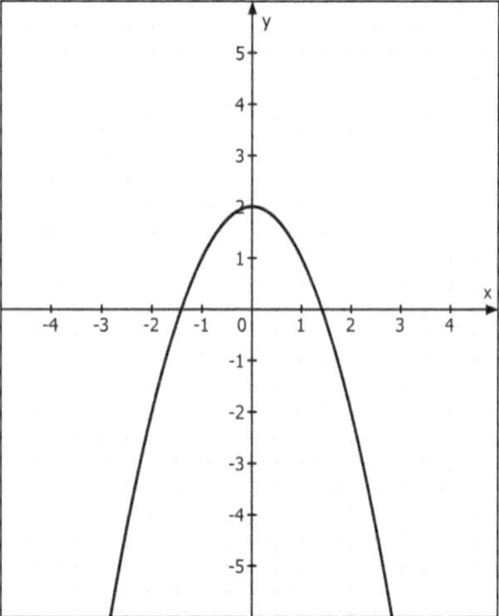

y = ____________________

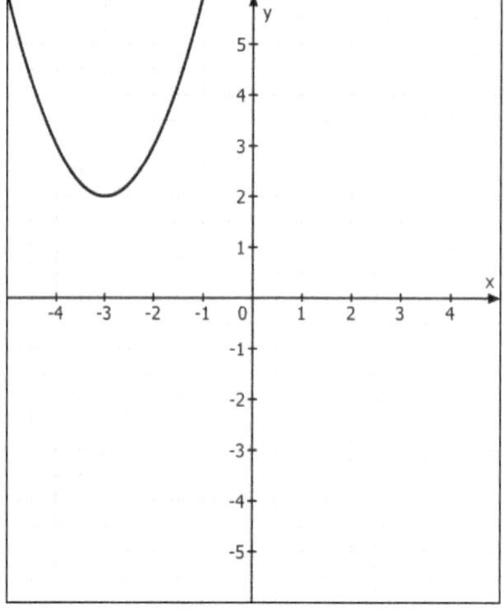

y = ____________________

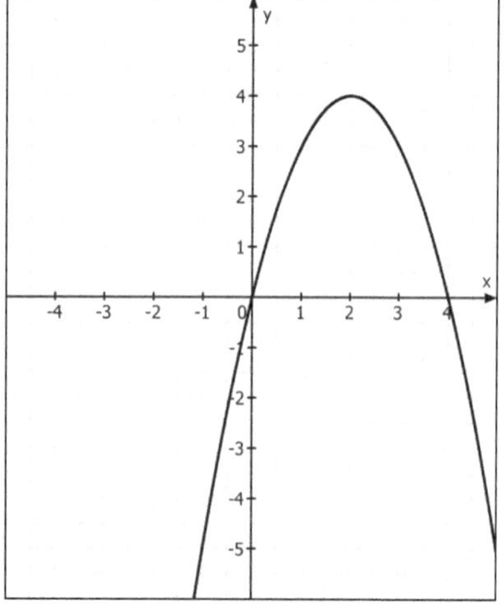

11 Quadratische Funktionen: Test I

Lösungen

Aufgabe 9: *Gib für folgende Funktionsgleichungen die Koordinaten der Scheitelpunkte an.*

Funktionsgleichungen:	Koordinaten der Scheitelpunkte: (y|x)
$y = x^2 + 6$	S = (0/6)
$y = -x^2 - 2$	S = (0|-2)
$y = (x + 1)^2$	S = (-1|0)
$y = -(x - 4)^2$	S = (4|0)
$y = (x - 5)^2 + 3$	S = (5|3)
$y = -(x + 7)^2 - 1$	S = (-7|-1)

Aufgabe 10: *Wie heißen die Funktionsgleichungen der anschließend gezeichneten Graphen?*

$y = x^2 + 1$

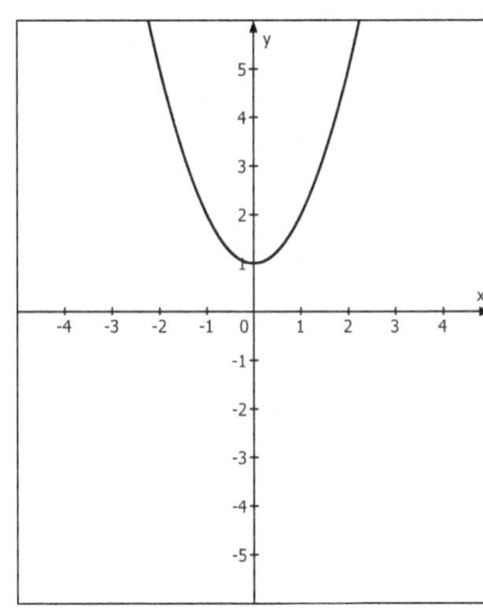

$y = -x^2 - 3$

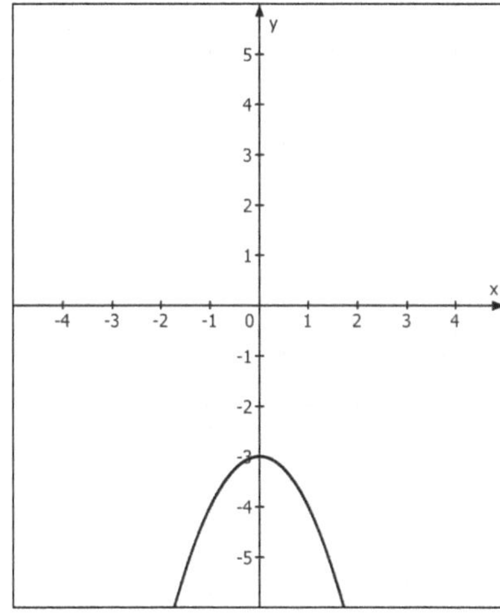

$y = x^2 - 5$

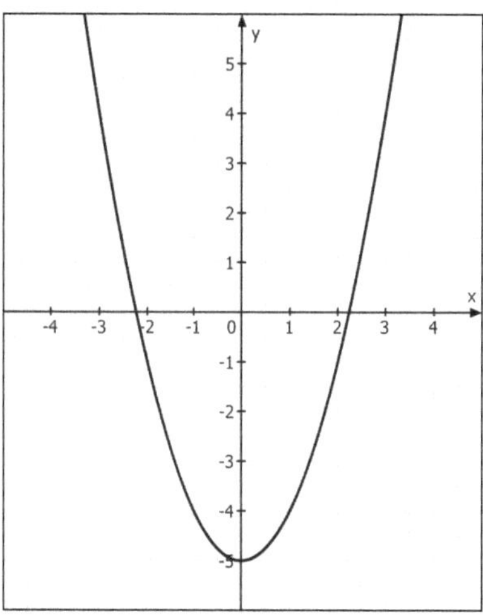

$y = -x^2 + 2$

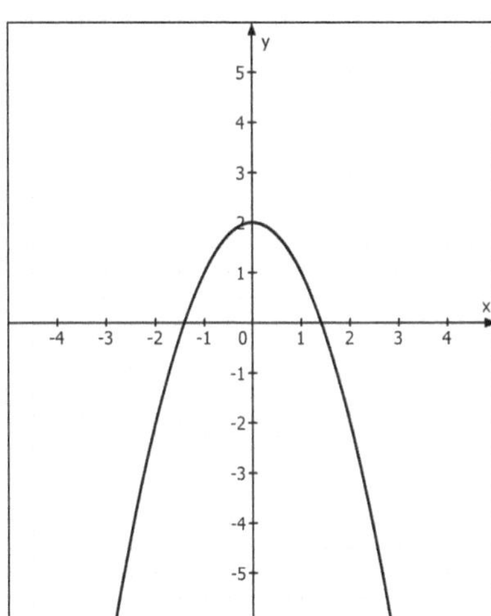

$y = (x + 3)^2 + 2$

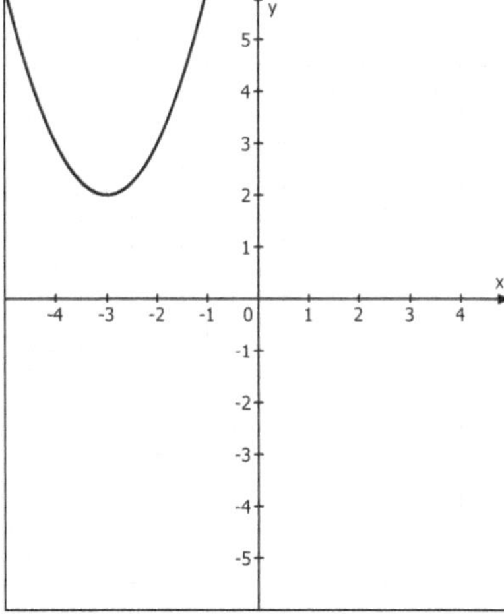

$y = -(x - 2)^2 + 4$

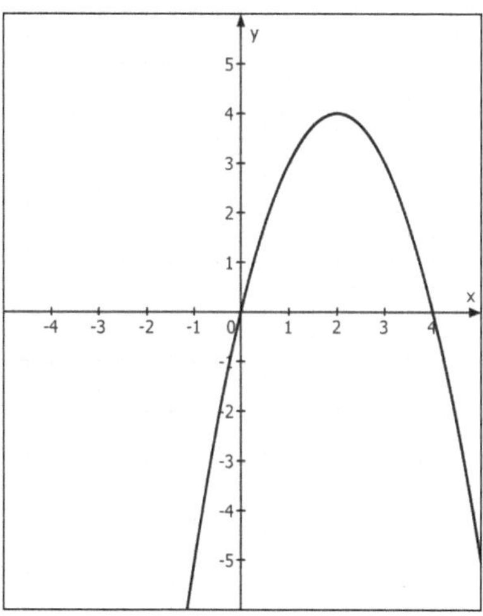

11 Quadratische Funktionen: Test I

Aufgabe 11: *Ergänze zu den beiden anschließend genannten Funktionsgleichungen die fehlenden y-Werte in den Wertetabellen.*

a) $y = x^2 + 2x + 4$ Wertetabelle:

x	1	0	-1	-2	-3
y					

b) $y = x^2 - 2x$ Wertetabelle:

x	1	0	-1	-2	-3
y					

Aufgabe 12:
Zeichne die Graphen der beiden Funktionsgleichungen im kartesischen Koordinatensystem ein.

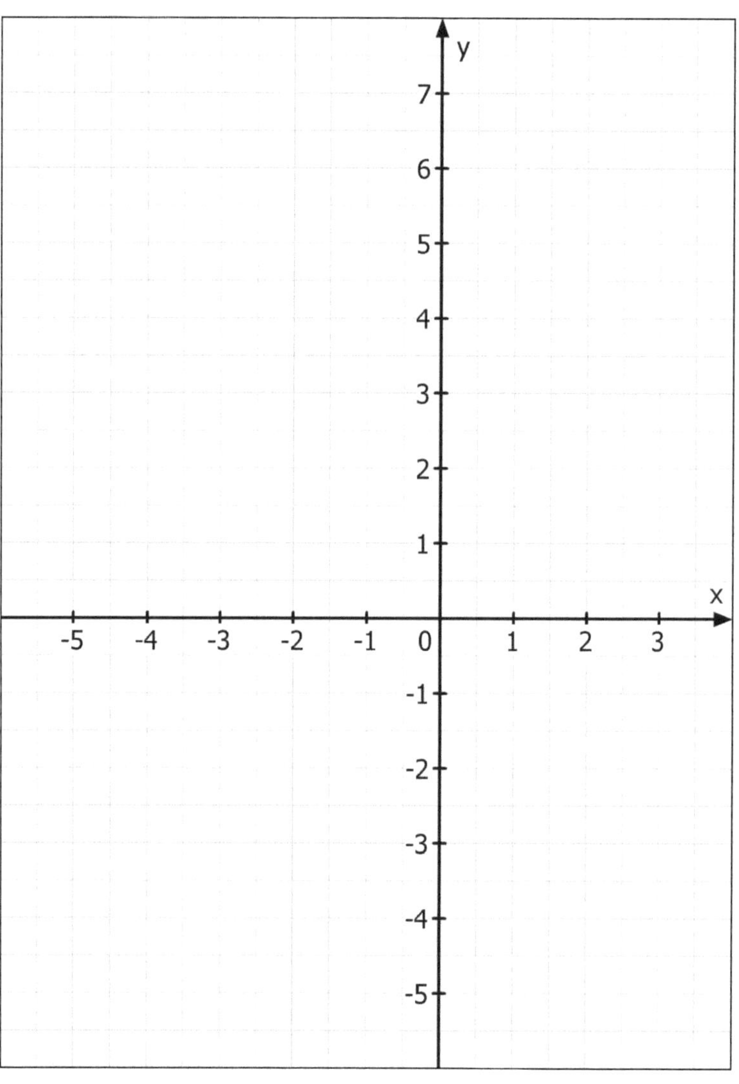

Aufgabe 13:
Berechne jeweils den Scheitelpunkt der zwei Funktionsgleichungen.

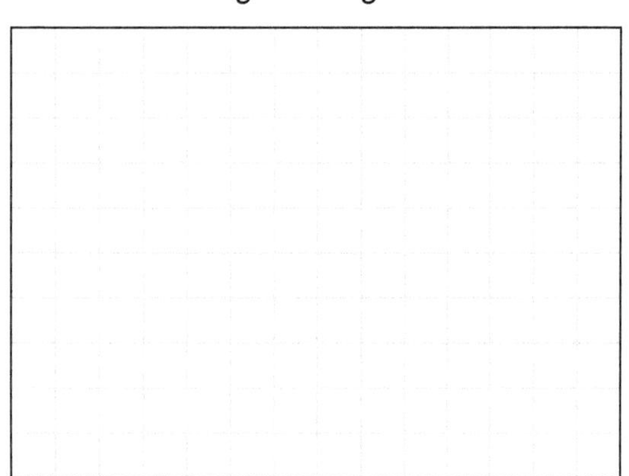

Aufgabe 14:
Berechne, wo sich die beiden Funktionsgleichungen schneiden (= Schnittpunkte).

Aufgabe 15:
Berechne die Nullstellen der Funktionsgleichungen $y = x^2 - 2x$.

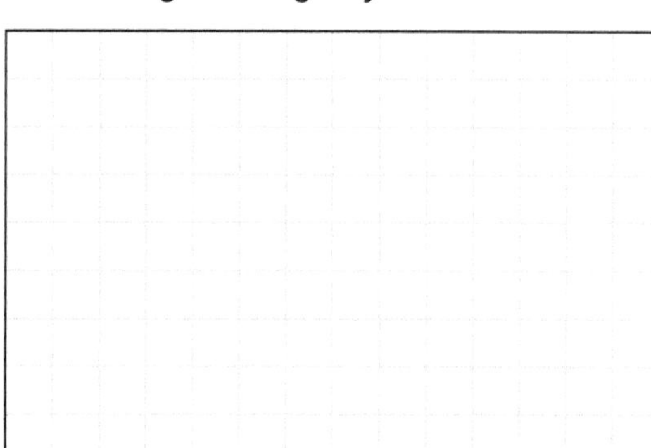

11 Quadratische Funktionen: Test I

Lösungen

Aufgabe 11: *Ergänze zu den beiden anschließend genannten Funktionsgleichungen die fehlenden y-Werte in den Wertetabellen.*

a) $y = x^2 + 2x + 4$ Wertetabelle:

x	1	0	-1	-2	-3
y	7	4	3	4	7

b) $y = x^2 - 2x$ Wertetabelle:

x	1	0	-1	-2	-3
y	-1	0	3	8	15

Aufgabe 12:

Zeichne die Graphen der beiden Funktionsgleichungen im kartesischen Koordinatensystem ein.

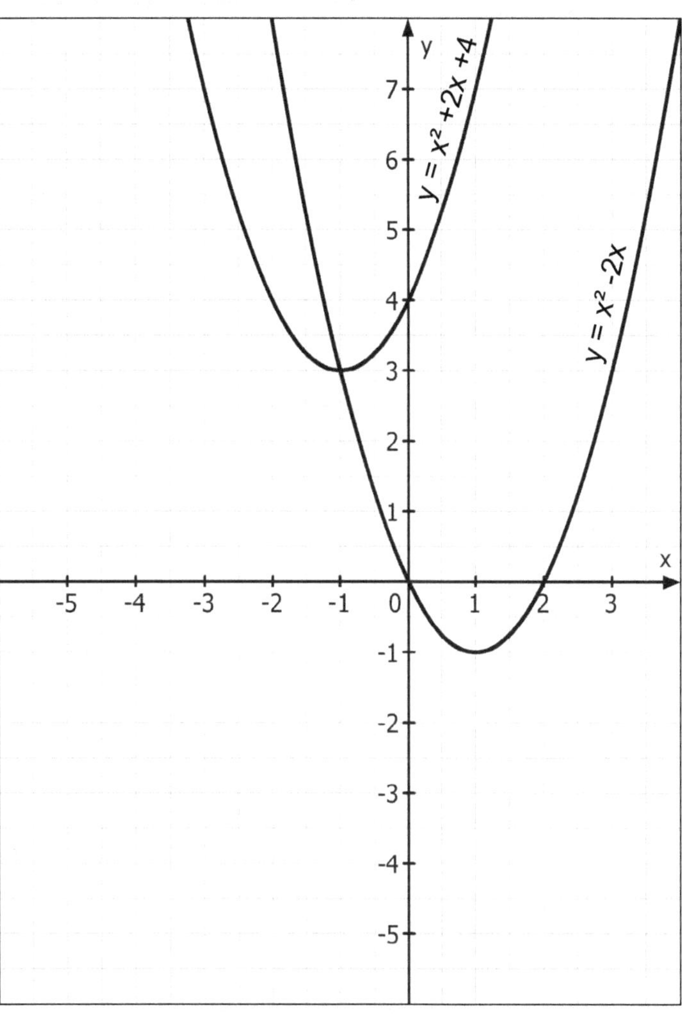

Aufgabe 13:

Berechne jeweils den Scheitelpunkt der zwei Funktionsgleichungen.

$y = x^2 + 2x + 4$ | quadr. Erg.
$y = x^2 + 2x + 1 - 1 + 4$ | 1. bin. Form.
$y = (x + 1)^2 + 3$
S (-1|3)

$y = x^2 - 2x$ | quadr. Funkt.
$y = x^2 - 2x + 1 - 1$ | 2. bin. Form.
$y = (x - 1)^2 - 1$
S (1|-1)

Aufgabe 14:

Berechne, wo sich die beiden Funktionsgleichungen schneiden (= Schnittpunkte).

Berechnung des Schnittpunktes:
Gleichsetzung
$x^2 + 2x + 4 = x^2 - 2x$ | $-x^2$
$2x + 4 = -2x$ | +2x
$4x + 4 = 0$ | -4
$4x = -4$ | : 4
$x = -1$

Berechnung des y-Wertes:
$x = -1$
eingesetzt in $y = x^2 - 2x$
$y = (-1)^2 - 2 \cdot (-1)$
$y = 1 + 2$
$y = 3$
S (-1|3)

Aufgabe 15:

Berechne die Nullstellen der Funktionsgleichungen $y = x^2 - 2x$.

Nullstelle: y = 0
$0 = x^2 - 2x$ | quadr. Erg.
$1 = x^2 - 2x + 1$ | 2. bin. Form.
$1 = (x - 1)^2$ | Seitentausch
$(x - 1)^2 = 1$ | $\sqrt{\ }$
$x - 1 = \pm 1$ | +1
$x_1 = 2$ N_1 (2|0)
$x_2 = 0$ N_2 (0|0)

11 Quadratische Funktionen: Test I

Aufgabe 16: *In einem Gebirge ist im Laufe einer sehr langen Zeit vor allem durch fließendes Wasser ein schmales Flusstal im harten Gestein entstanden. Der Querschnitt dieses Flusstals hat an einer Stelle die Form der Parabel $y = x^2 - 6{,}25$. Wie breit ist das Flusstal 6,25 m über seinem tiefsten Punkt?*

Zeichne den Querschnitt des Flusstals in einem kartesischen Koordinatensystem ein und beantworte die gestellten Fragen.

Antwortsatz:

Aufgabe 17: *Ein Schüler wirft einen Ball hoch. Die Flugbahn des Balles entspricht der Funktionsgleichung $y = -x^2 + 20{,}25$. Zeichne die Flugbahn in einem kartesischen Koordinatensystem ein und beantworte die Frage:*

In welcher Entfernung vom Schüler fällt der Ball auf den Boden?

Antwortsatz:

11 Quadratische Funktionen: Test I

Lösungen

Aufgabe 16: *In einem Gebirge ist im Laufe einer sehr langen Zeit vor allem durch fließendes Wasser ein schmales Flusstal im harten Gestein entstanden. Der Querschnitt dieses Flusstals hat an einer Stelle die Form der Parabel $y = x^2 - 6,25$. Wie breit ist das Flusstal 6,25 m über seinem tiefsten Punkt?*

Zeichne den Querschnitt des Flusstals in einem kartesischen Koordinatensystem ein und beantworte die gestellten Fragen.

Berechnung der Nullstellen:

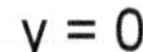

$y = 0$

$0 = x^2 - 6,25$ | +6,25

$6,25 = x^2$ | Seitentausch

$x^2 = 6,25$ | $\sqrt{}$

$\underline{\mathbf{x_1 = 2,5}}$

$\underline{\mathbf{x_2 = -2,5}}$

N_1 (2,5|0)

N_2 (-2,5|0)

Antwortsatz:
Das Flusstal ist 6,25 m über seinem tiefsten Punkt 5 m breit.

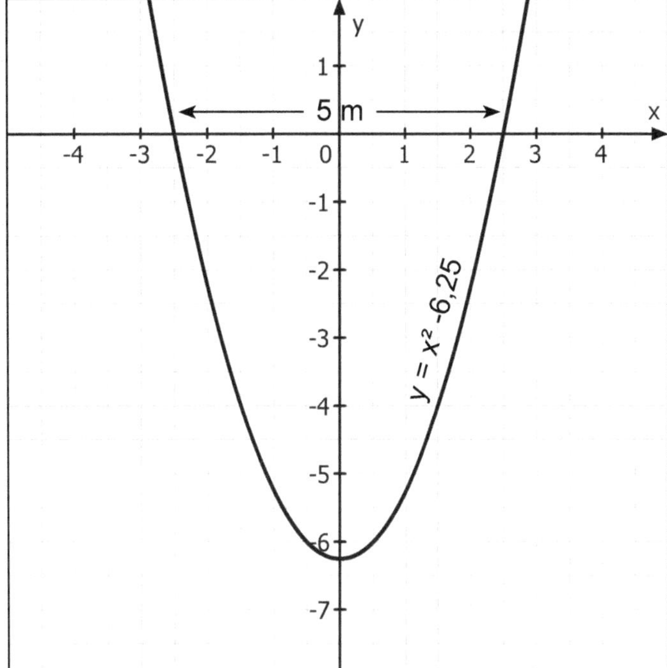

Aufgabe 17: *Ein Schüler wirft einen Ball hoch. Die Flugbahn des Balles entspricht der Funktionsgleichung $y = -x^2 + 20,25$. Zeichne die Flugbahn in einem kartesischen Koordinatensystem ein und beantworte die Frage:*

In welcher Entfernung vom Schüler fällt der Ball auf den Boden?

Berechnung der Nullstellen:

$y = 0$

$0 = -x^2 + 20,25$ | $+ x^2$

$x^2 = 20,25$ | $\sqrt{}$

$\underline{\mathbf{x_1 = -4,5}}$

$\underline{\mathbf{x_2 = 4,5}}$

N_1 (-4,5|0)

N_2 (4,5|0)

Antwortsatz:
In 9 m Entfernung vom Schüler fällt der Ball auf den Boden.

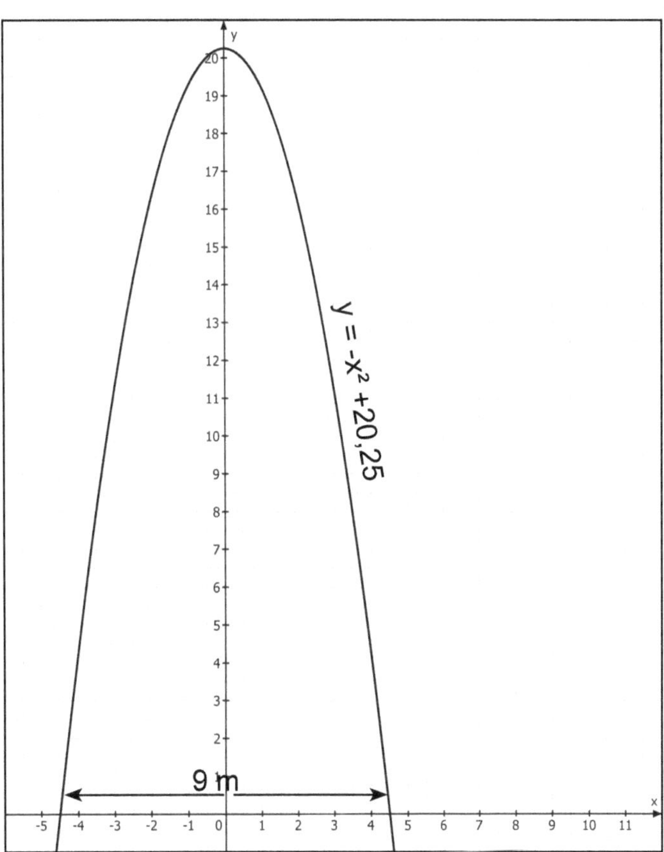

12 Allgemeine Bemerkungen zu Parabeln

Parabeln kommen in der realen Welt sichtbar an so manchen Stellen vor, z.B. an Brücken, Gebäuden, Türmen … Die Flugbahnen von geworfenen, geschossenen und geschlagenen Bällen verlaufen parabelförmig. Die Bahnkurven von Wasserstrahlen (u.a. bei Fontänen) entsprechen im Verlauf Parabeln …

Grob differenziert lassen sich Normalparabeln, gestreckte Parabeln sowie gestauchte Parabeln unterscheiden. Die Form einer Parabel wird (nur) durch die Zahl (= Faktor) bestimmt, die in der Funktionsgleichung unmittelbar vor dem quadratischen Glied (= gewöhnlich x^2) steht:

- Bei Normalparabeln ($y = x^2$ … und $y = -x^2$ …) beträgt der Faktor vor dem quadratischen Glied immer 1, er wird aber nicht geschrieben.

- Ist der Faktor vor dem quadratischen Glied größer als 1 (z.B. $y = 2x^2$), handelt es sich um eine gestreckte Parabel. Die gestreckten Parabeln verlaufen steiler als die Normalparabeln und sind schmaler.

- Wenn der Faktor vor dem quadratischen Glied kleiner als 1 ist (z.B. $y = \frac{1}{2}x^2$), ist eine gestauchte Parabel gegeben. Gestauchte Parabeln verlaufen flacher als die normalen Parabeln und sind breiter.

Aufgabe: *Normalparabel, gestreckte Parabel oder gestauchte Parabel? Ordne die 3 Begriffe den gezeichneten Graphen richtig zu. Was ist was?*

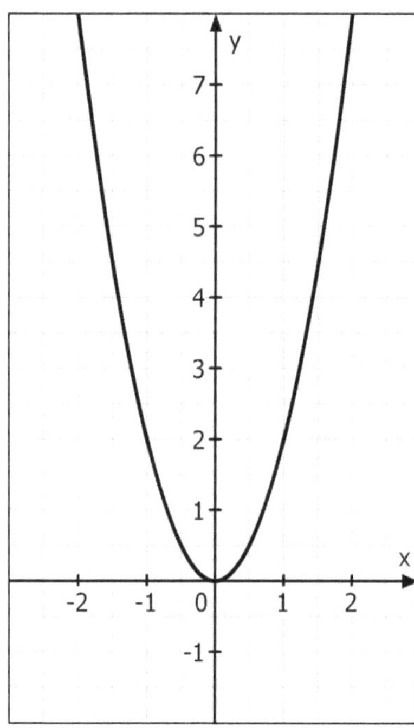

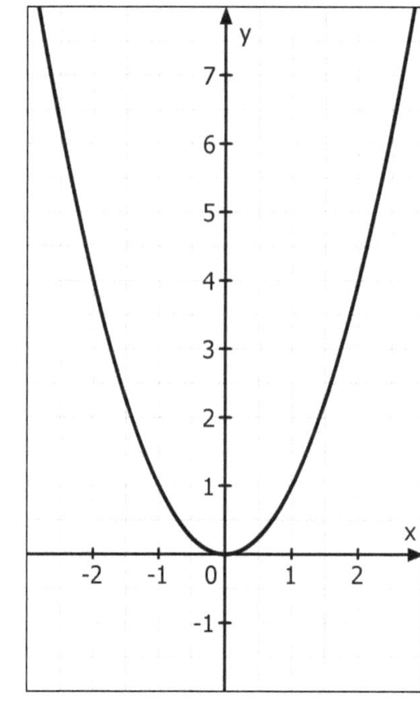

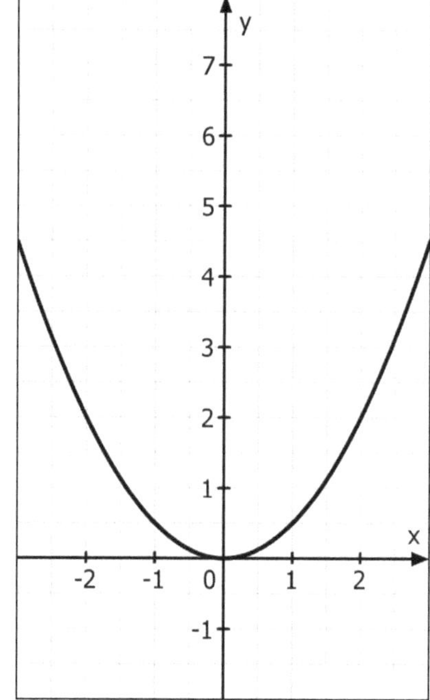

____________________ ____________________ ____________________

12
Allgemeine Bemerkungen zu Parabeln
Lösungen

> Parabeln kommen in der realen Welt sichtbar an so manchen Stellen vor, z.B. an Brücken, Gebäuden, Türmen … Die Flugbahnen von geworfenen, geschossenen und geschlagenen Bällen verlaufen parabelförmig. Die Bahnkurven von Wasserstrahlen (u.a. bei Fontänen) entsprechen im Verlauf Parabeln …

Grob differenziert lassen sich Normalparabeln, gestreckte Parabeln sowie gestauchte Parabeln unterscheiden. Die Form einer Parabel wird (nur) durch die Zahl (= Faktor) bestimmt, die in der Funktionsgleichung unmittelbar vor dem quadratischen Glied (= gewöhnlich x^2) steht:

- Bei Normalparabeln ($y = x^2$ … und $y = -x^2$ …) beträgt der Faktor vor dem quadratischen Glied immer 1, er wird aber nicht geschrieben.
- Ist der Faktor vor dem quadratischen Glied größer als 1 (z.B. $y = 2x^2$), handelt es sich um eine gestreckte Parabel. Die gestreckten Parabeln verlaufen steiler als die Normalparabeln und sind schmaler.
- Wenn der Faktor vor dem quadratischen Glied kleiner als 1 ist (z.B. $y = \frac{1}{2}x^2$), ist eine gestauchte Parabel gegeben. Gestauchte Parabeln verlaufen flacher als die normalen Parabeln und sind breiter.

Aufgabe: *Normalparabel, gestreckte Parabel oder gestauchte Parabel?*
Ordne die 3 Begriffe den gezeichneten Graphen richtig zu. Was ist was?

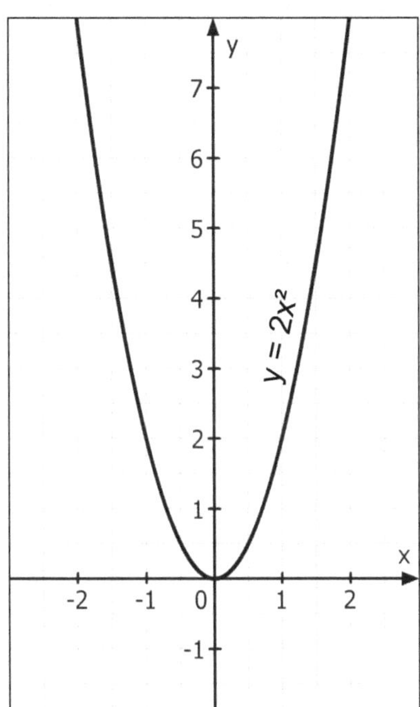

gestreckte Parabel

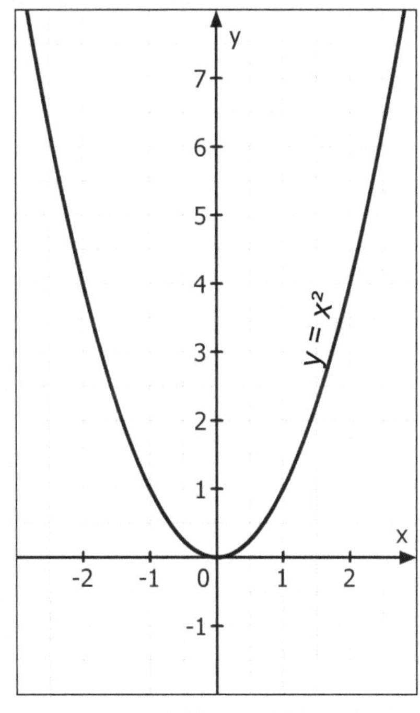

Normal-parabel

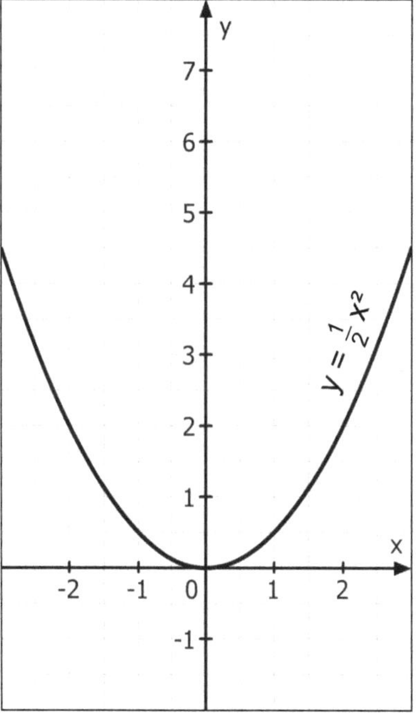

gestauchte Parabel

Quadratische Funktionen und Gleichungen - Bestell-Nr. 12 105
KOHL VERLAG

13 Richtig oder falsch?

Aufgabe: *Kreuze an, ob die anschließend genannten Aussagen richtig oder falsch sind.*

	Richtig	Falsch
1. Parabeln verlaufen kurvenförmig und symmetrisch.	☐	☐
2. Die Symmetrieachse von Parabeln geht durch deren Scheitelpunkt.	☐	☐
3. Der Scheitelpunkt ist immer der tiefste Punkt der jeweiligen Parabel.	☐	☐
4. Parabeln können steigen und fallen.	☐	☐
5. Steht in der Funktionsgleichung vor dem quadratischen Glied ein negatives Vorzeichen, ist die Parabel nach unten geöffnet.	☐	☐
6. Die Parabeln haben entweder eine oder keine Nullstellen.	☐	☐
7. An jeder Nullstelle beträgt der x-Wert Null (0).	☐	☐
8. Schnittpunkte von 2 Parabeln lassen sich berechnen, indem beide Funktionsgleichungen gleichgesetzt werden.	☐	☐
9. Gestreckte Parabeln sind flacher und breiter als die Normalparabeln.	☐	☐
10. Gestauchte Parabeln sind steiler und schmaler als die Normalparabeln.	☐	☐

Verbessere nun die Sätze, die falsche Aussagen enthalten.

13 Richtig oder falsch?

Lösungen

Aufgabe: *Kreuze an, ob die anschließend genannten Aussagen richtig oder falsch sind.*

	Richtig	Falsch
1. Parabeln verlaufen kurvenförmig und symmetrisch.	☒	☐
2. Die Symmetrieachse von Parabeln geht durch deren Scheitelpunkt.	☒	☐
3. Der Scheitelpunkt ist immer der tiefste Punkt der jeweiligen Parabel.	☐	☒
4. Parabeln können steigen und fallen.	☒	☐
5. Steht in der Funktionsgleichung vor dem quadratischen Glied ein negatives Vorzeichen, ist die Parabel nach unten geöffnet.	☒	☐
6. Die Parabeln haben entweder eine oder keine Nullstellen.	☐	☒
7. An jeder Nullstelle beträgt der x-Wert Null (0).	☐	☒
8. Schnittpunkte von 2 Parabeln lassen sich berechnen, indem beide Funktionsgleichungen gleichgesetzt werden.	☒	☐
9. Gestreckte Parabeln sind flacher und breiter als die Normalparabeln.	☐	☒
10. Gestauchte Parabeln sind steiler und schmaler als die Normalparabeln.	☐	☒

Verbessere nun die Sätze, die falsche Aussagen enthalten.

3. Der Scheitelpunkt ist entweder der tiefste oder der höchste Punkt der jeweiligen Parabel.

6. Die Parabeln haben entweder zwei, eine oder keine Nullstellen.

7. An jeder Nullstelle beträgt der y-Wert Null (0).

9. Gestreckte Parabeln sind steiler, schmaler als die Normalparabeln.

10. Gestauchte Parabeln sind flacher, breiter als die Normalparabeln.

14 Quadratische Funktionen: Gestreckte und gestauchte Parabeln

Aufgabe 1: ***a)*** *Ergänze zu den beiden anschließend genannten Funktionsgleichungen die fehlenden y-Werte in den Wertetabellen.*

$y = 2{,}5\,x^2 - 9$

Wertetabelle:

x	y
1	
2	
3	
0	
-1	

$y = -0{,}5\,x^2 + 6$

Wertetabelle:

x	y
1	
2	
3	
4	
0	

b) *Zeichne die beiden Graphen (= Parabeln) der genannten Funktionsgleichungen im kartesischen Koordinatensystem ein.*

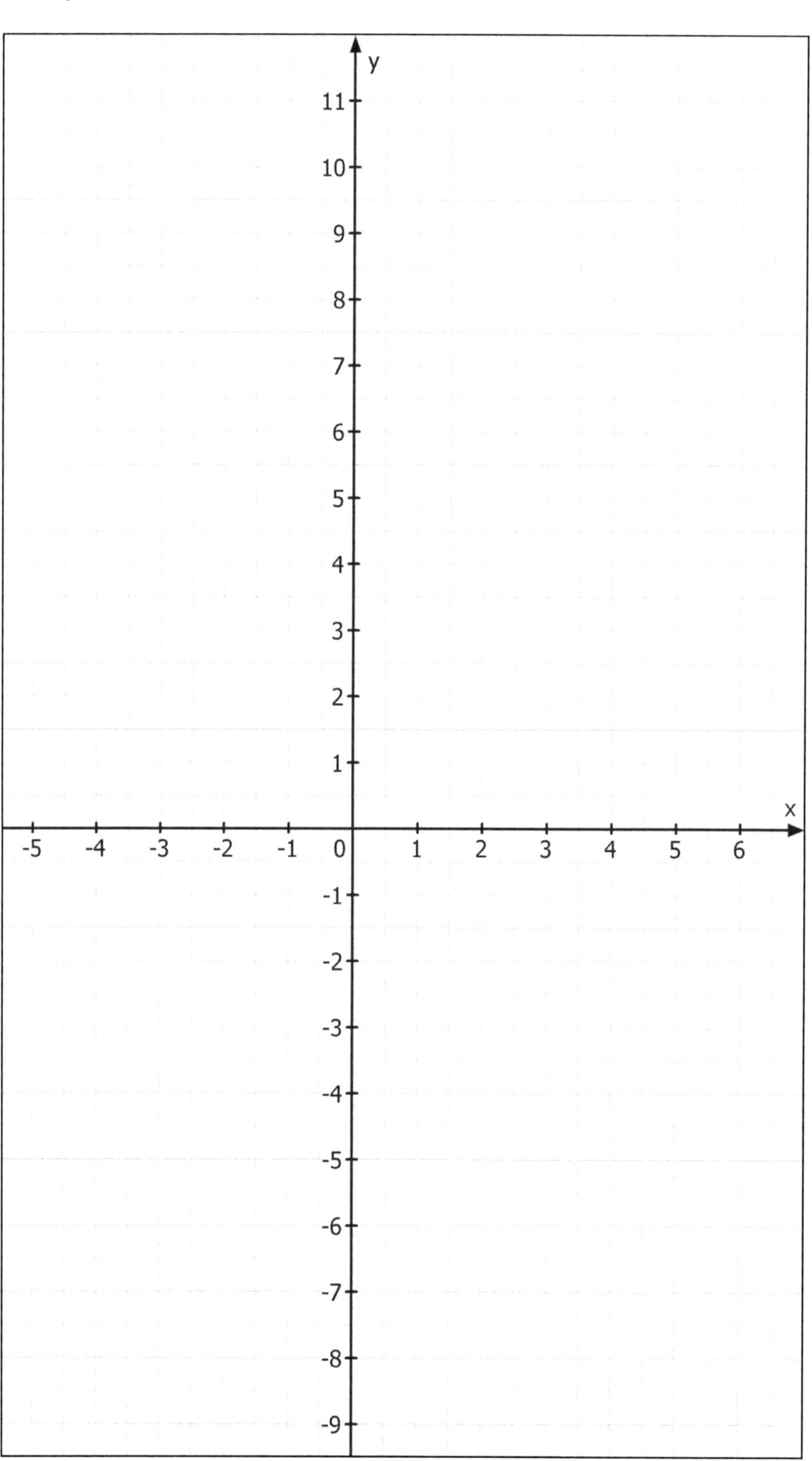

14 Quadratische Funktionen: Gestreckte und gestauchte Parabeln

Lösungen

Aufgabe 1: ***a)*** *Ergänze zu den beiden anschließend genannten Funktionsgleichungen die fehlenden y-Werte in den Wertetabellen.*

$y = 2{,}5\,x^2 - 9$

Wertetabelle:

x	y
1	-7,5
2	1
3	13,5
0	-9
-1	-7,5

$y = -0{,}5\,x^2 + 6$

Wertetabelle:

x	y
1	5,5
2	4
3	1,5
4	-2
0	6

b) *Zeichne die beiden Graphen (= Parabeln) der genannten Funktionsgleichungen im kartesischen Koordinatensystem ein.*

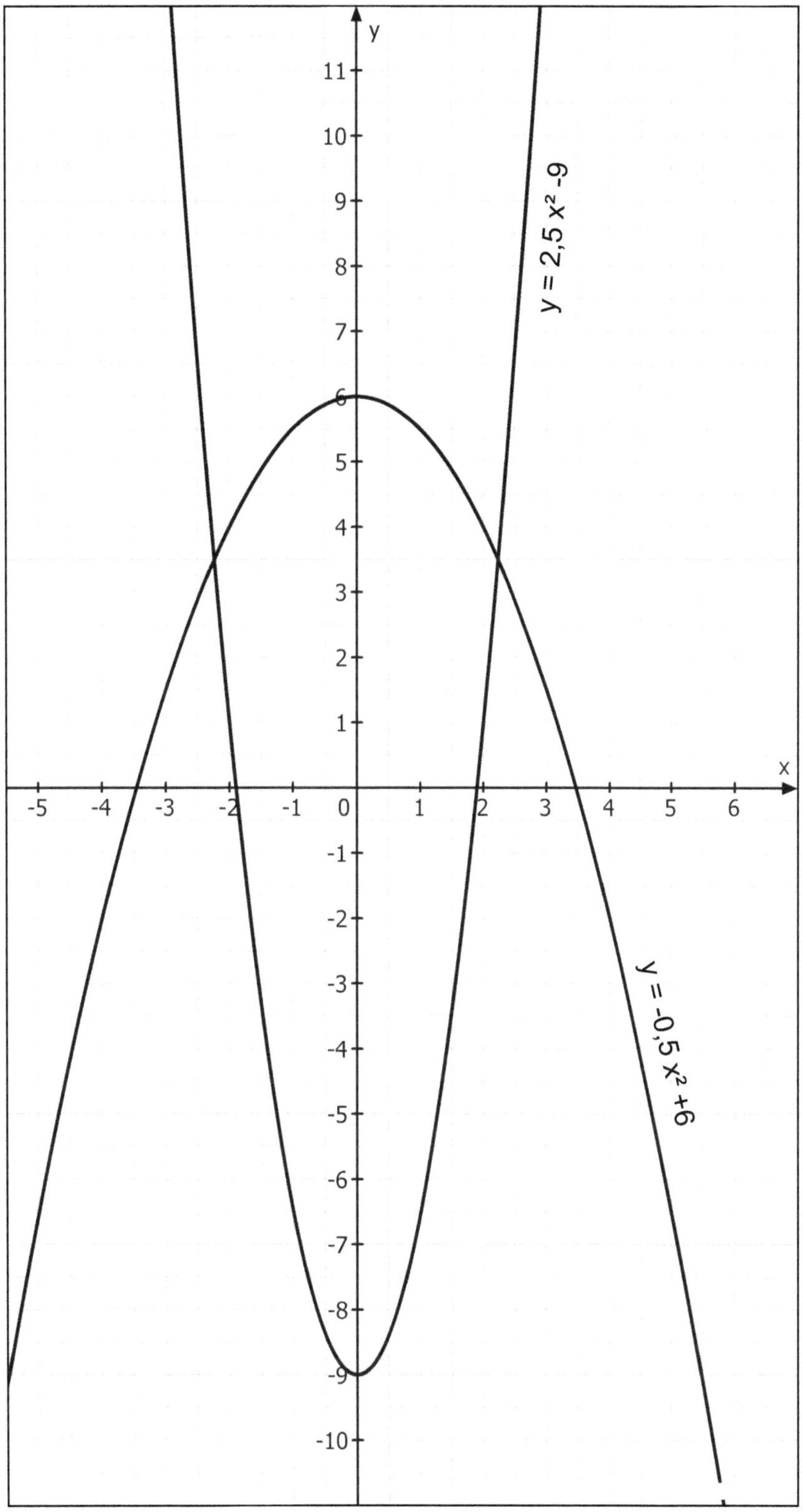

$y = 2{,}5\,x^2 - 9$

$y = -0{,}5\,x^2 + 6$

14 Quadratische Funktionen: Gestreckte und gestauchte Parabeln

Aufgabe 2: *Erstelle Wertetabellen und zeichne die Graphen (= Parabeln) der Funktionsgleichungen:*

$y = \frac{1}{4}(x+2)^2 - 6$ $y = -1{,}5(x-3)^2 + 10$

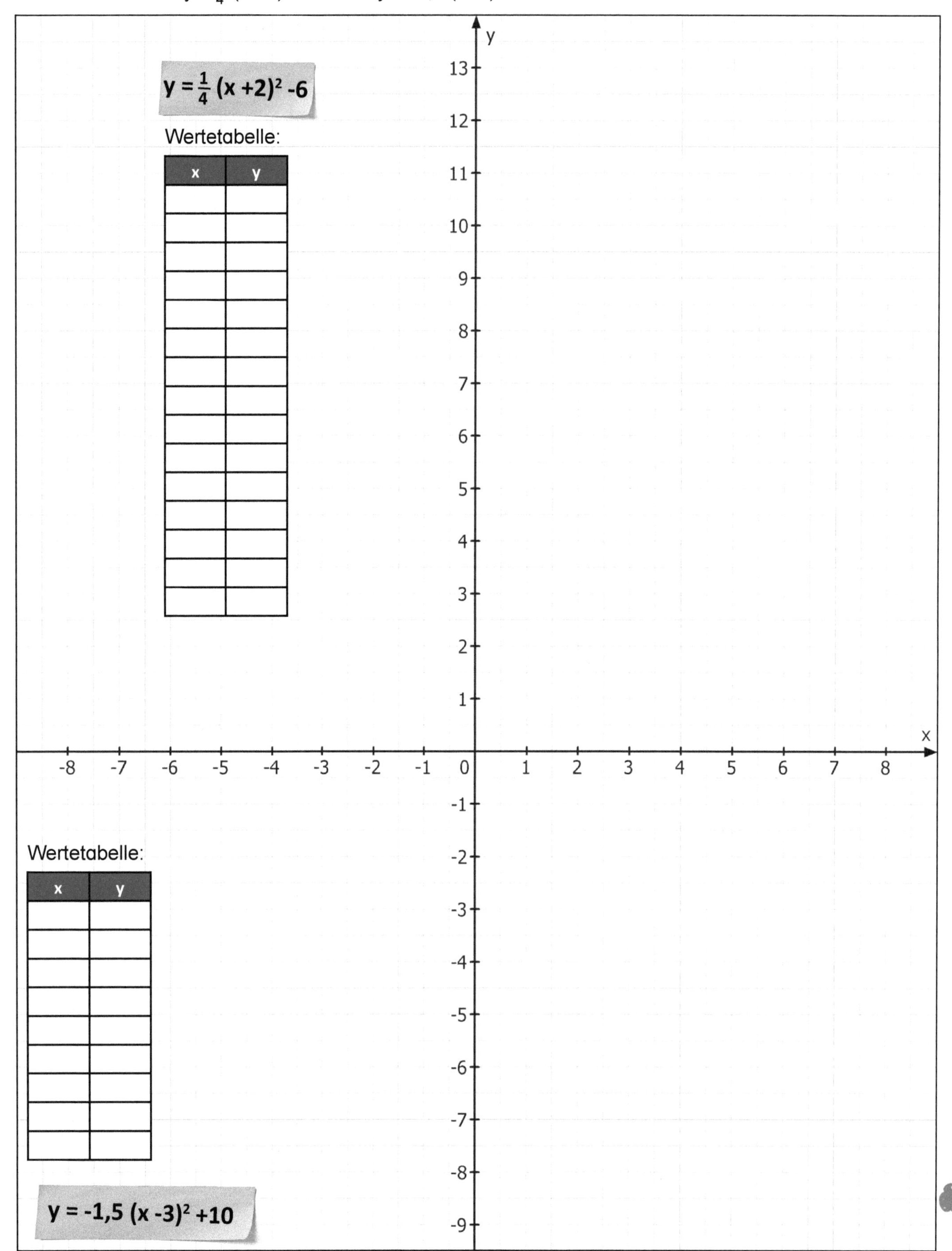

14 Quadratische Funktionen: Gestreckte und gestauchte Parabeln

Lösungen

Aufgabe 2: *Erstelle Wertetabellen und zeichne die Graphen (= Parabeln) der Funktionsgleichungen:*

$y = \frac{1}{4}(x+2)^2 - 6$ $\quad$ $y = -1{,}5(x-3)^2 + 10$

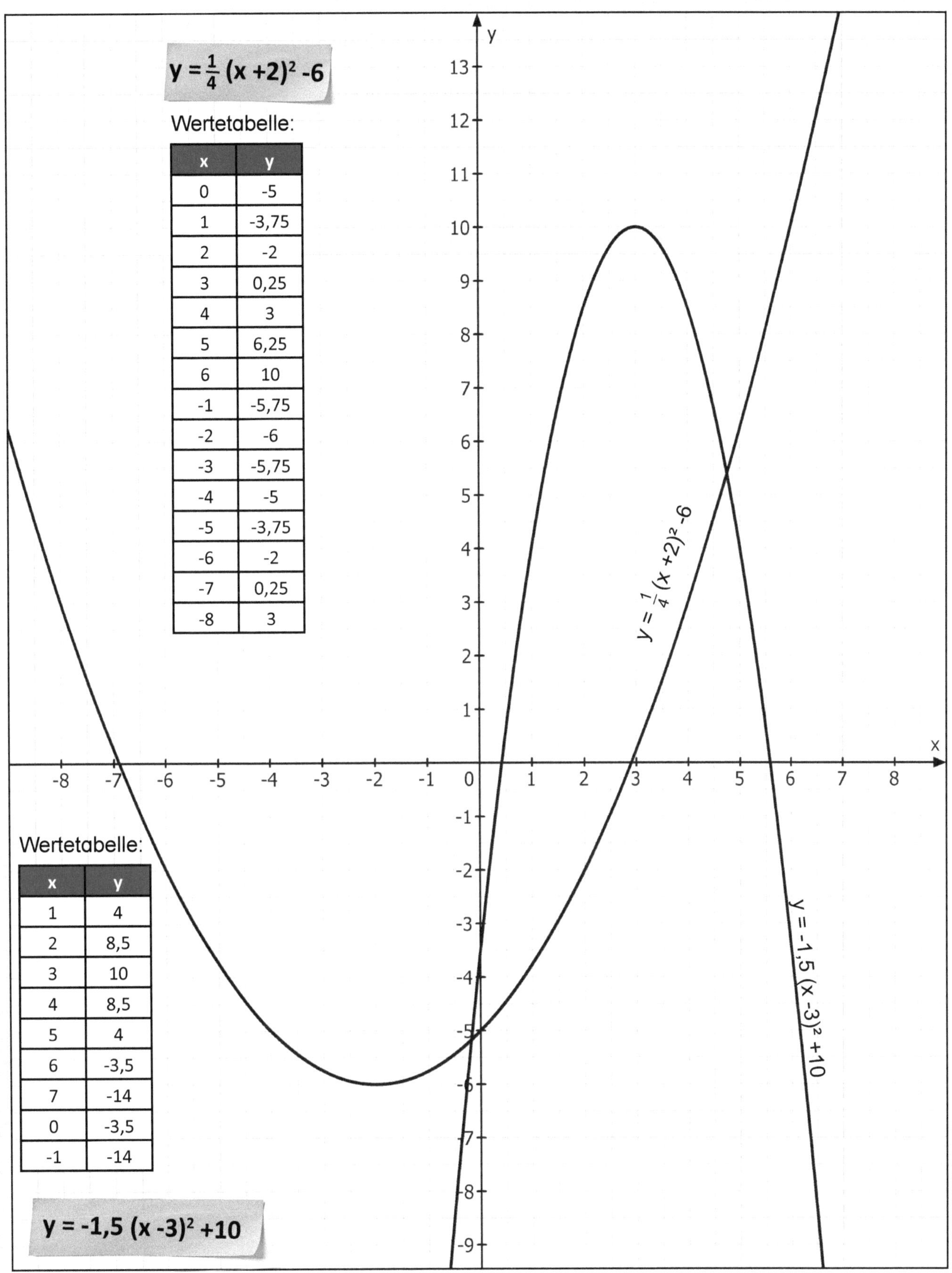

$y = \frac{1}{4}(x+2)^2 - 6$

Wertetabelle:

x	y
0	-5
1	-3,75
2	-2
3	0,25
4	3
5	6,25
6	10
-1	-5,75
-2	-6
-3	-5,75
-4	-5
-5	-3,75
-6	-2
-7	0,25
-8	3

Wertetabelle:

x	y
1	4
2	8,5
3	10
4	8,5
5	4
6	-3,5
7	-14
0	-3,5
-1	-14

$y = -1{,}5(x-3)^2 + 10$

15 Quadratische Funktionen: Berechnung des Scheitelpunktes und der Nullstellen einer gestreckten sowie einer gestauchten Parabel

Aufgabe 1: *Gegeben ist die Parabel mit der Funktionsgleichung:* $y = 2x^2 - 20x + 48$

a) *Berechne den Scheitelpunkt der Parabel. Mit anderen Worten: Bringe die Funktionsgleichung in die Scheitelpunktform.*

b) *Berechne die Nullstellen der Parabel.*

Aufgabe 2: *Gegeben ist diesmal die Parabel mit der Funktionsgleichung:* $y = -0{,}5\,x^2 - 3x - 4$

a) *Berechne den Scheitelpunkt der Parabel. Mit anderen Worten: Bringe die Funktionsgleichung in die Scheitelpunktform.*

b) *Berechne die Nullstellen der Parabel.*

15 Quadratische Funktionen: Berechnung des Scheitelpunktes und der Nullstellen einer gestreckten sowie einer gestauchten Parabel

Lösungen

Aufgabe 1: *Gegeben ist die Parabel mit der Funktionsgleichung: $y = 2x^2 -20x +48$*

a) *Berechne den Scheitelpunkt der Parabel. Mit anderen Worten: Bringe die Funktionsgleichung in die Scheitelpunktform.*

$y = 2x^2 -20x +48$	| Ausklammerung
$y = 2(x^2-10x) +48$	| quadratische Ergänzung
$y = 2(x^2 -10x +25 -25) +48$	| 2. binomische Formel
$y = 2(x -5)^2 -50 +48$	
$y = 2(x -5)^2 -2$	
Scheitelpunkt S (5|-2)	

b) *Berechne die Nullstellen der Parabel.*

$y = 0$	
$0 = 2x^2 -20x +48$	| : 2
$0 = x^2 -10x +24$	| -24
$-24 = x^2 -10x$	| Seitentausch
$x^2 -10x = -24$	| quadratische Ergänzung
$x^2 -10x +25 = -24 +25$	| 2. binomische Formel
$(x -5)^2 = 1$	| $\sqrt{}$
$x -5 = \pm 1$	| +5
$\mathbf{x_1 = 6}$ $\mathbf{x_2 = 4}$	
$N_1 = (6\|0)$ $N_2 = (4\|0)$	

Aufgabe 2: *Gegeben ist diesmal die Parabel mit der Funktionsgleichung: $y = -0{,}5x^2 -3x -4$*

a) *Berechne den Scheitelpunkt der Parabel. Mit anderen Worten: Bringe die Funktionsgleichung in die Scheitelpunktform.*

$y = -0{,}5x^2 -3x -4$	| Ausklammerung
$y = -0{,}5(x^2 +6x) -4$	| quadratische Ergänzung
$y = -0{,}5(x^2 +6x +9 -9) -4$	| 1. binomische Formel
$y = -0{,}5(x +3)^2 +4{,}5 -4$	
$y = -0{,}5(x +3)^2 +0{,}5$	
Scheitelpunkt S (-3|0,5)	

b) *Berechne die Nullstellen der Parabel.*

$y = 0$	
$0 = -0{,}5x^2 -3x -4$	| • (-2)
$0 = x^2 +6x +8$	| -8
$-8 = x^2 +6x$	| Seitentausch
$x^2 +6x = -8$	| quadratische Ergänzung
$x^2 +6x +9 = -8 +9$	| 1. binomische Formel
$(x +3)^2 = 1$	| $\sqrt{}$
$x +3 = \pm 1$	| -3
$\mathbf{x_1 = -2}$ $\mathbf{x_2 = -4}$	
$N_1 = (-2\|0)$ $N_2 = (-4\|0)$	

16 Bestimmung der Funktionsgleichungen von gestauchten und gestreckten Parabeln

Die Funktionsgleichung von gestreckten und gestauchten Parabeln lässt sich u.a. bestimmen, wenn man den Scheitelpunkt und einen weiteren Punkt der jeweiligen Parabel kennt. So lässt sich auch der Faktor (= a) vor dem quadratischen Glied (= x^2) berechnen.

Beispiel:

Gegeben sind:
– der Scheitelpunkt der Parabel: S (-1|-3)
– ein weiterer Punkt der Parabel: P (3|9)

Die Koordination des Punktes P (3|9) wird in die Scheitelpunktform der Parabel eingesetzt. Danach wird die Gleichung nach a aufgelöst:

$y = a\,(x+1)^2 - 2$
$9 = a\,(3+1)^2 - 3$
$9 = a \cdot 4^2 - 3$
$9 = 16a - 3$ | +3
$12 = 16\,a$ | Seitentausch
$16a = 12$ | : 16
$a = 0{,}75$

Folglich lautet die Funktionsgleichung:
$y = 0{,}75\,(x+1)^2 - 3$

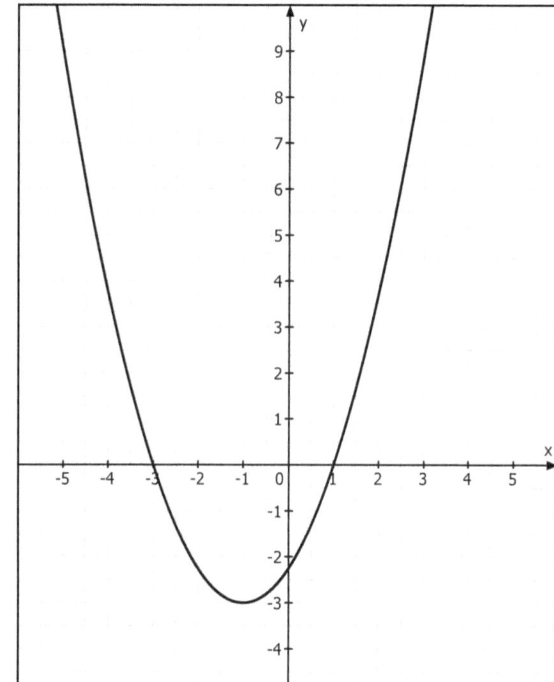

Aufgabe 1:

Gegeben sind:
– der Scheitelpunkt der Parabel: S (2|3);
– ein weiterer Punkt der Parabel: P (7|-12)

Bestimme die Funktionsgleichung der Parabel.

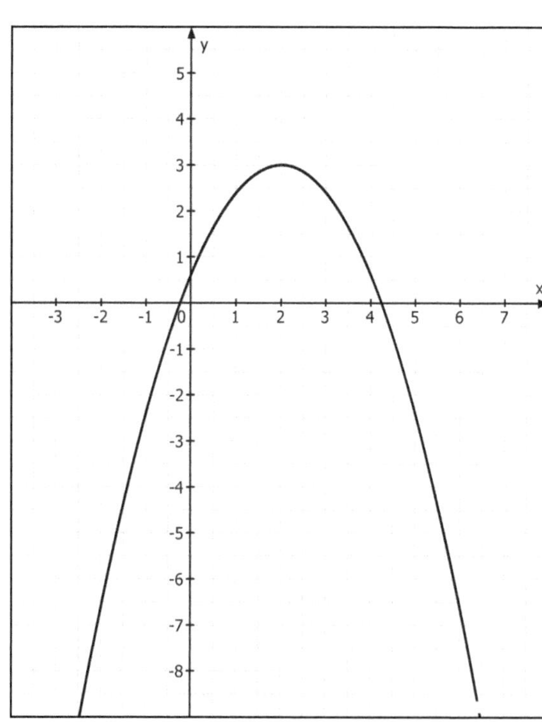

16 Bestimmung der Funktionsgleichungen von gestauchten und gestreckten Parabeln

Lösungen

Die Funktionsgleichung von gestreckten und gestauchten Parabeln lässt sich u.a. bestimmen, wenn man den Scheitelpunkt und einen weiteren Punkt der jeweiligen Parabel kennt. So lässt sich auch der Faktor (= a) vor dem quadratischen Glied (= x^2) berechnen.

Beispiel:

Gegeben sind:
– der Scheitelpunkt der Parabel: S (-1|-3)
– ein weiterer Punkt der Parabel: P (3|9)

Die Koordination des Punktes P (3|9) werden in die Scheitelpunktform der Parabel eingesetzt. Danach wird die Gleichung nach a aufgelöst:

$y = a (x +1)^2 -2$	
$9 = a (3 +1)^2 -3$	
$9 = a \cdot 4^2 -3$	
$9 = 16a -3$	| +3
$12 = 16 a$	| Seitentausch
$16a = 12$	| : 16
$a = 0,75$	

Folglich lautet die Funktionsgleichung:
$y = 0,75 (x +1)^2 -3$

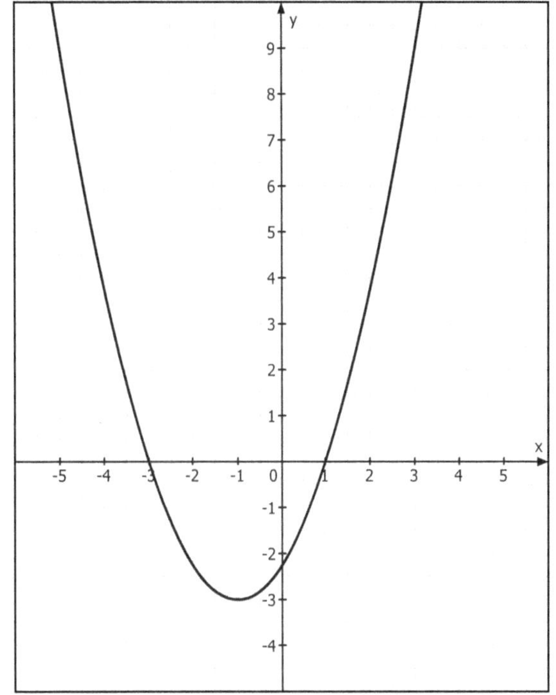

Aufgabe 1:

Gegeben sind:
– der Scheitelpunkt der Parabel: S (2| 3);
– ein weiterer Punkt der Parabel: P (7|-12)

Bestimme die Funktionsgleichung der Parabel.

Einsetzung der Koordinaten des Punktes P (7|-12) in die Scheitelpunktform der Parabel, danach Auflösung der Gleichung nach a:

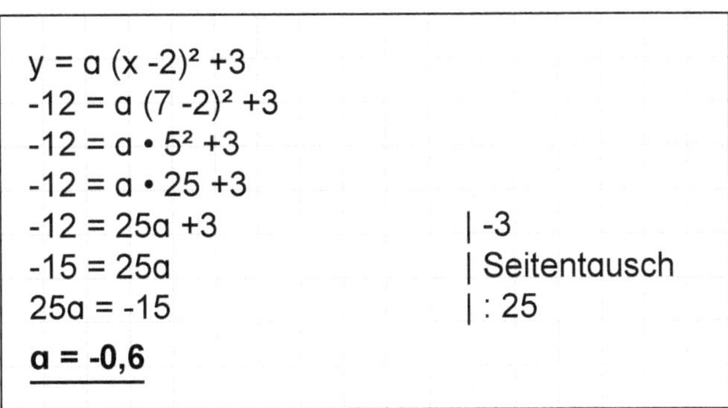

$y = a (x -2)^2 +3$	
$-12 = a (7 -2)^2 +3$	
$-12 = a \cdot 5^2 +3$	
$-12 = a \cdot 25 +3$	
$-12 = 25a +3$	| -3
$-15 = 25a$	| Seitentausch
$25a = -15$	| : 25
$a = -0,6$	

Die Parabel hat die Funktionsgleichung
$y = -0,6 (x -2) +3$

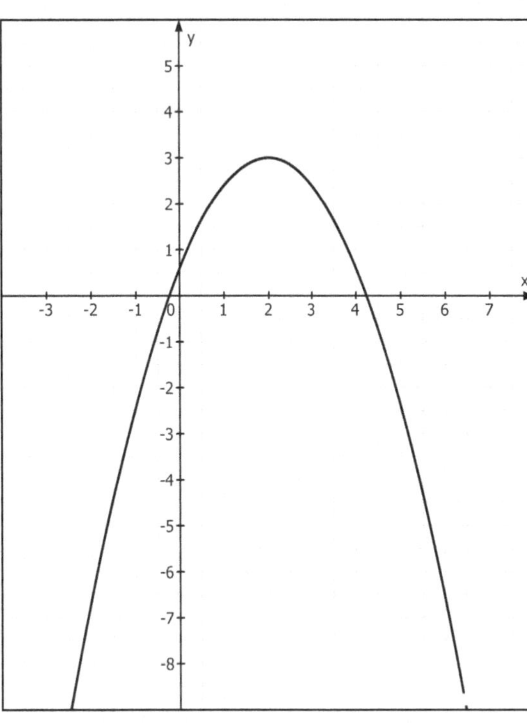

17 Quadratische Funktionen: Modellieren

Wer ein Fahrzeug fährt, muss damit rechnen, plötzlich bremsen zu müssen. Der Anhalteweg ist das Ergebnis der Summe des Reaktionsweges und des Bremsweges. Als Faustformel für die Länge des Reaktionsweges gilt: Reaktionsweg = 0,3 · Geschwindigkeit (in km/h). Für das Autofahren lautet die Faustformel für den Bremsweg auf trockenen Fahrbahnen: Bremsweg = 0,01 · Geschwindigkeit (in km/h).

Aufgabe 1: ***a)*** *Bestimme die Funktionsgleichung für den Anhalteweg beim Autofahren auf trockenen Fahrbahnen. Verwende für den Anhalteweg den Buchstaben y und für die Geschwindigkeit (in km/h) den Buchstaben x.*

Funktionsgleichung: ______________________________

b) *Zeichne den Graphen der aufgestellten Funktionsgleichung im kartesischen Koordinatensystem ein.*

c) *Ergänze zu der aufgestellten Funktionsgleichung die fehlenden y-Werte in der Wertetabelle.*

Wertetabelle:

x	y
0	
10	
20	
30	
40	
50	
60	
70	
80	
90	
100	
110	
120	
130	
140	
150	

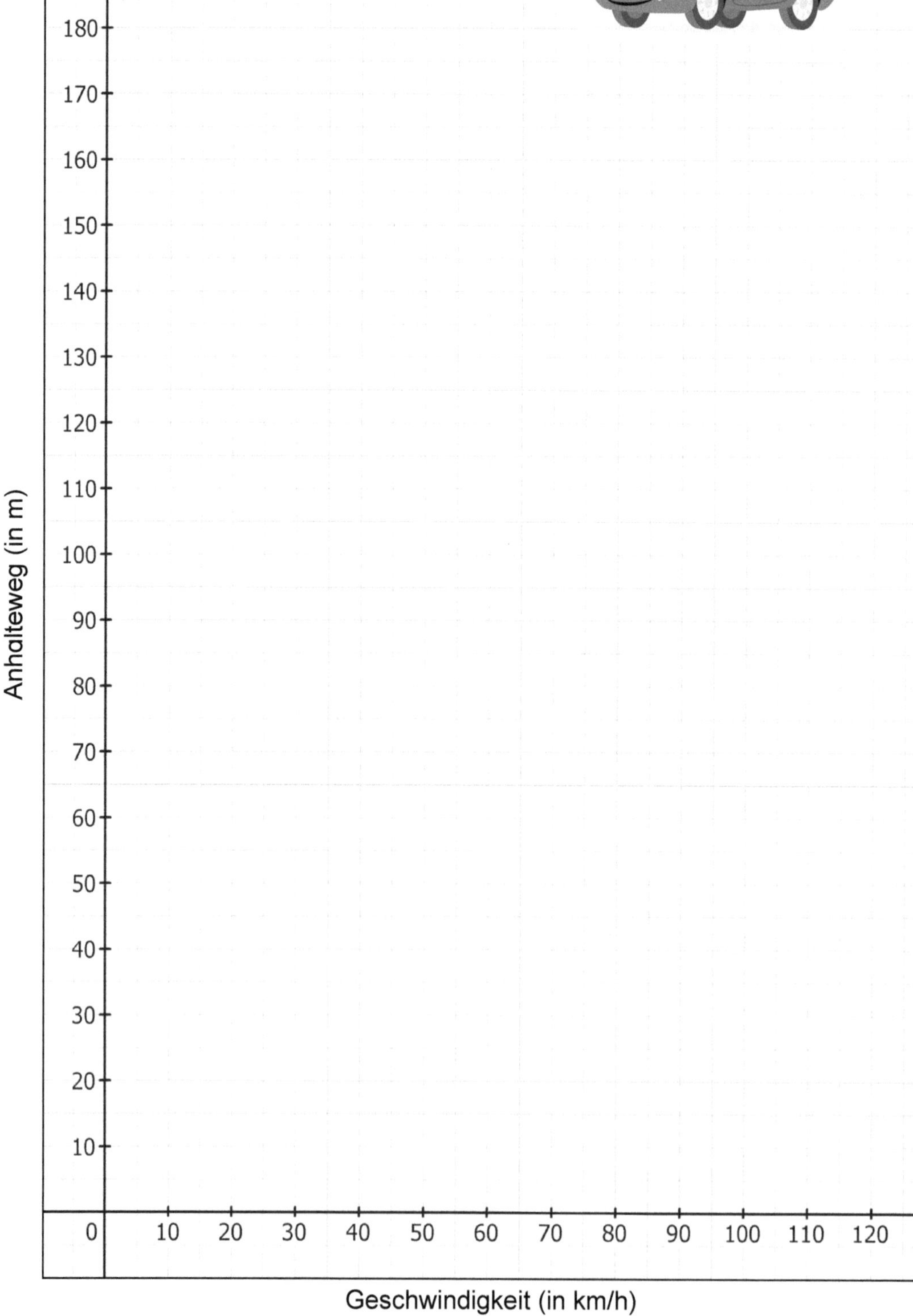

17 Quadratische Funktionen: Modellieren

Lösungen

Wer ein Fahrzeug fährt, muss damit rechnen, plötzlich bremsen zu müssen. Der Anhalteweg ist das Ergebnis der Summe des Reaktionsweges und des Bremsweges. Als Faustformel für die Länge des Reaktionsweges gilt: Reaktionsweg = 0,3 · Geschwindigkeit (in km/h). Für das Autofahren lautet die Faustformel für den Bremsweg auf trockenen Fahrbahnen: Bremsweg = 0,01 · Geschwindigkeit (in km/h).

Aufgabe 1: ***a)*** *Bestimme die Funktionsgleichung für den Anhalteweg beim Autofahren auf trockenen Fahrbahnen. Verwende für den Anhalteweg den Buchstaben y und für die Geschwindigkeit (in km/h) den Buchstaben x.*

Funktionsgleichung: **$y = 0{,}01\,x^2 + 0{,}3x$**

b) *Zeichne den Graphen der aufgestellten Funktionsgleichung im kartesischen Koordinatensystem ein.*

c) *Ergänze zu der aufgestellten Funktionsgleichung die fehlenden y-Werte in der Wertetabelle.*

Wertetabelle:

x	y
0	0
10	4
20	10
30	18
40	28
50	40
60	54
70	70
80	88
90	108
100	130
110	154
120	180
130	208
140	238
150	270

x = Geschwindigkeit in km/h
y = Anhalteweg in m

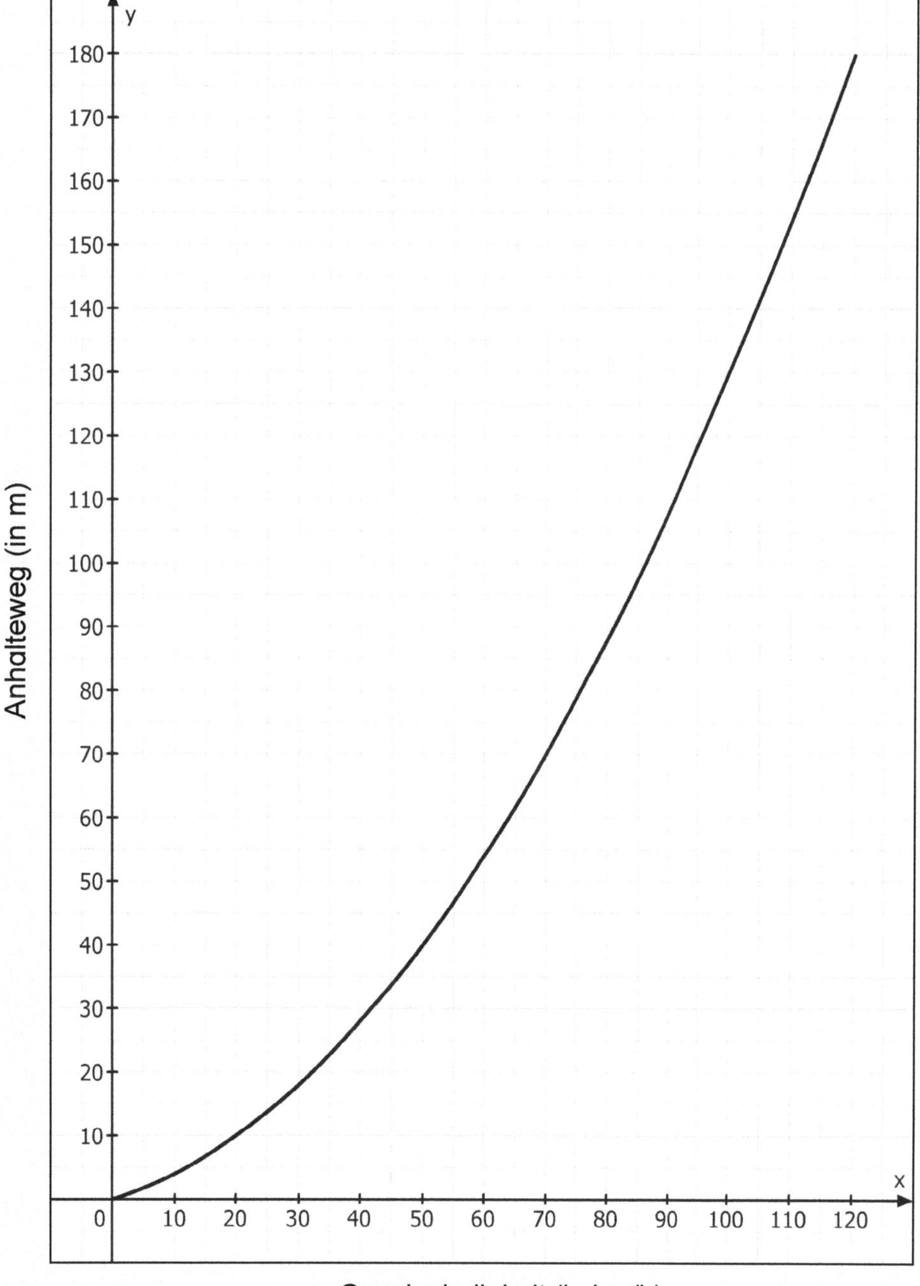

17 Quadratische Funktionen: Modellieren

An vielen Brücken gibt es Bögen, die die Form von Parabeln haben.
Ein Beispiel: Eine Straßenbrücke führt über einen Fluss.

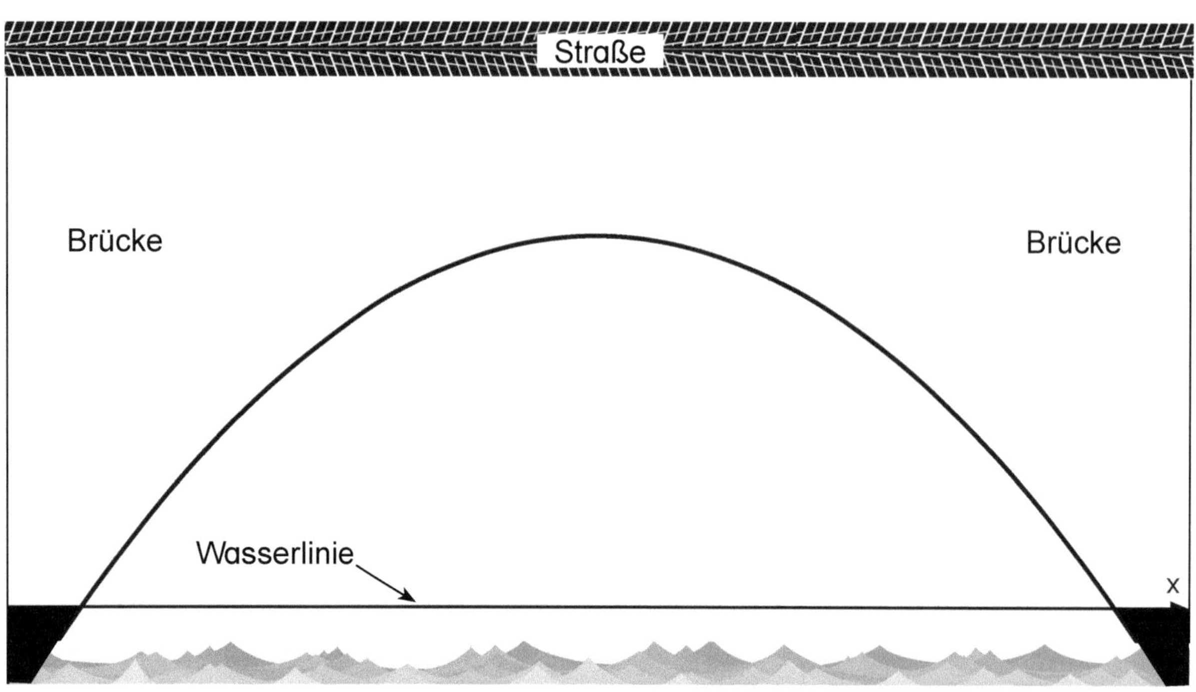

Aufgabe:

a) *Zeichne in die obere Abbildung ein kartesisches Koordinatensystem ein. Die Wasserlinie soll die x-Achse bilden. Senkrecht dazu soll durch den Scheitelpunkt der Parabel die y-Achse verlaufen. Berücksichtige: Der Fluss ist unter der Brücke 14 Meter breit.*
Die Parabel hat die Funktionsgleichung $y = -0{,}1\,x^2 + 4{,}9$.

b) *In welcher Höhe über der Wasserlinie befindet sich der Scheitelpunkt der Parabel?*

____

c) *Ergänze zu der genannten Funktionsgleichung in der Wertetabelle die fehlenden y-Werte.*

x	1	2	3	4	5	6	7	0	-1	-2	-3	-4	-5	-6	-7
y															

d) *Berechne die Nullstellen der Funktionsgleichung.*

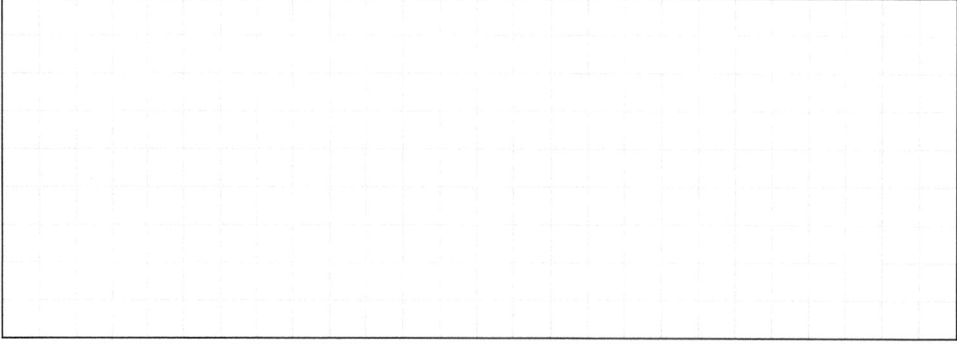

17 Quadratische Funktionen: Modellieren

Lösungen

An vielen Brücken gibt es Bögen, die die Form von Parabeln haben.
Ein Beispiel: Eine Straßenbrücke führt über einen Fluss.

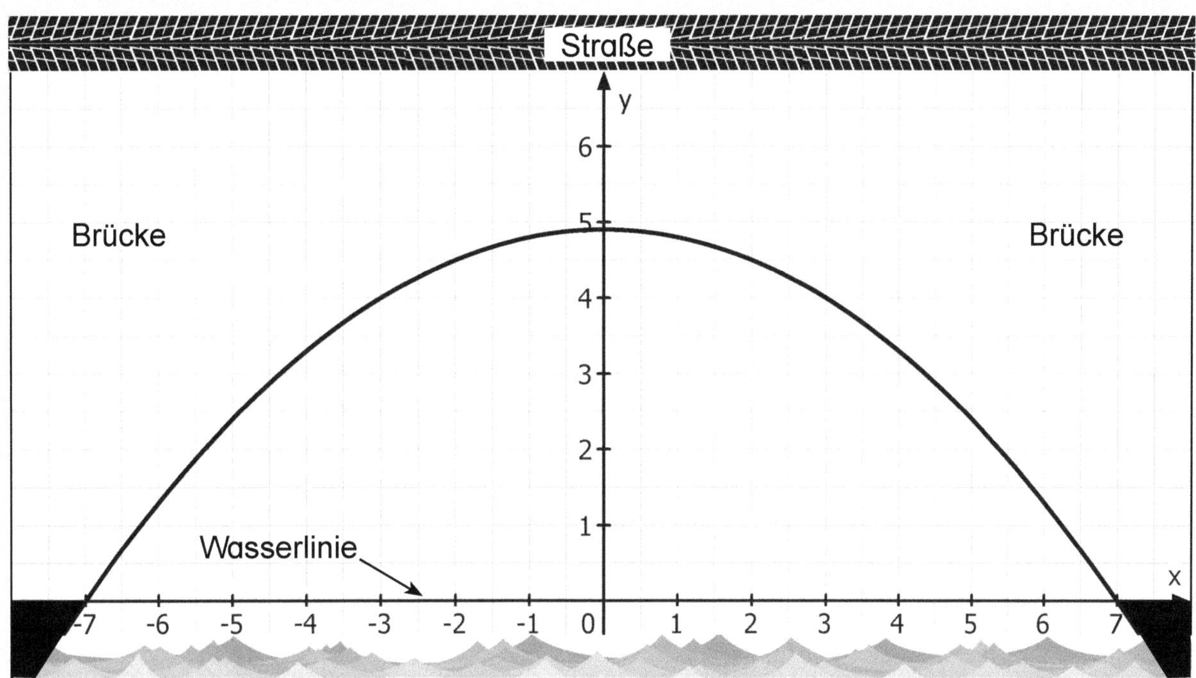

Aufgabe:

a) *Zeichne in die obere Abbildung ein kartesisches Koordinatensystem ein. Die Wasserlinie soll die x-Achse bilden. Senkrecht dazu soll durch den Scheitelpunkt der Parabel die y-Achse verlaufen. Berücksichtige: Der Fluss ist unter der Brücke 14 Meter breit.*
Die Parabel hat die Funktionsgleichung $y = -0{,}1\, x^2 + 4{,}9$.

b) *In welcher Höhe über der Wasserlinie befindet sich der Scheitelpunkt der Parabel?*

Der Scheitelpunkt befindet sich 4,9 Meter über der Wasserlinie.

c) *Ergänze zu der genannten Funktionsgleichung in der Wertetabelle die fehlenden y-Werte.*

x	1	2	3	4	5	6	7	0	-1	-2	-3	-4	-5	-6	-7
y	4,8	4,5	4	3,3	2,4	1,3	0	4,9	4,8	4,5	4	3,3	2,4	1,3	0

d) *Berechne die Nullstellen der Funktionsgleichung.*

y = 0 in die Funktionsgleichung $y = 0{,}1\, x^2 + 4{,}9$

$0 = -0{,}1\, x^2 + 4{,}9 \quad | +0{,}1\, x^2$

$0{,}1\, x^2 = 4{,}9 \quad | \cdot 10$

$x^2 = 49 \quad | \sqrt{}$

$\mathbf{x_1 = 7}$

$\mathbf{x_2 = -7}$

$N_1\ (7|0)$

$N_2\ (-7|0)$

Quadratische Funktionen und Gleichungen - Bestell-Nr. 12 105

KOHL VERLAG

17 Quadratische Funktionen: Modellieren

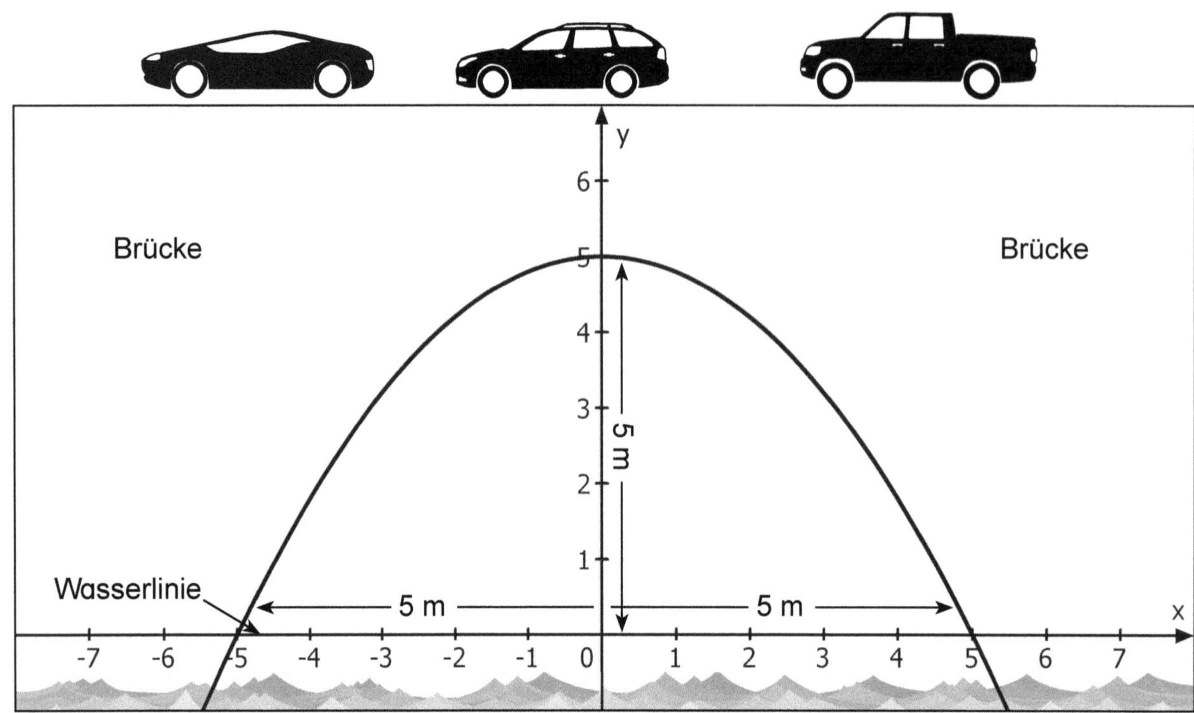

Aufgabe: *a) Bestimme, wie die Funktionsgleichung der Parabel heißt:*

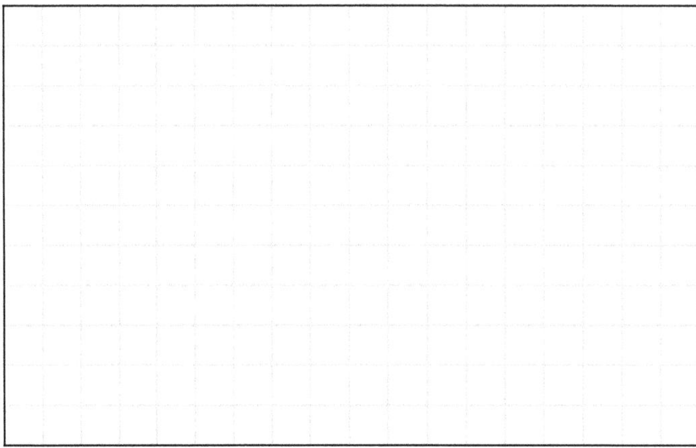

b) Erstelle zur Funktionsgleichung eine Wertetabelle.

x											
y											

c) Stelle fest, ob ein 5 m breites Boot, das 3 m über der Wasserlinie hoch ist, auf dem Fluss unter der Brücke hindurchfahren kann.

___

___

___

d) Finde nun heraus, ob ein 6 m breites Brot, das 3 m über der Wasserlinie hoch ist, auf dem Fluss unter der Brücke hindurchfahren kann.

___

___

___

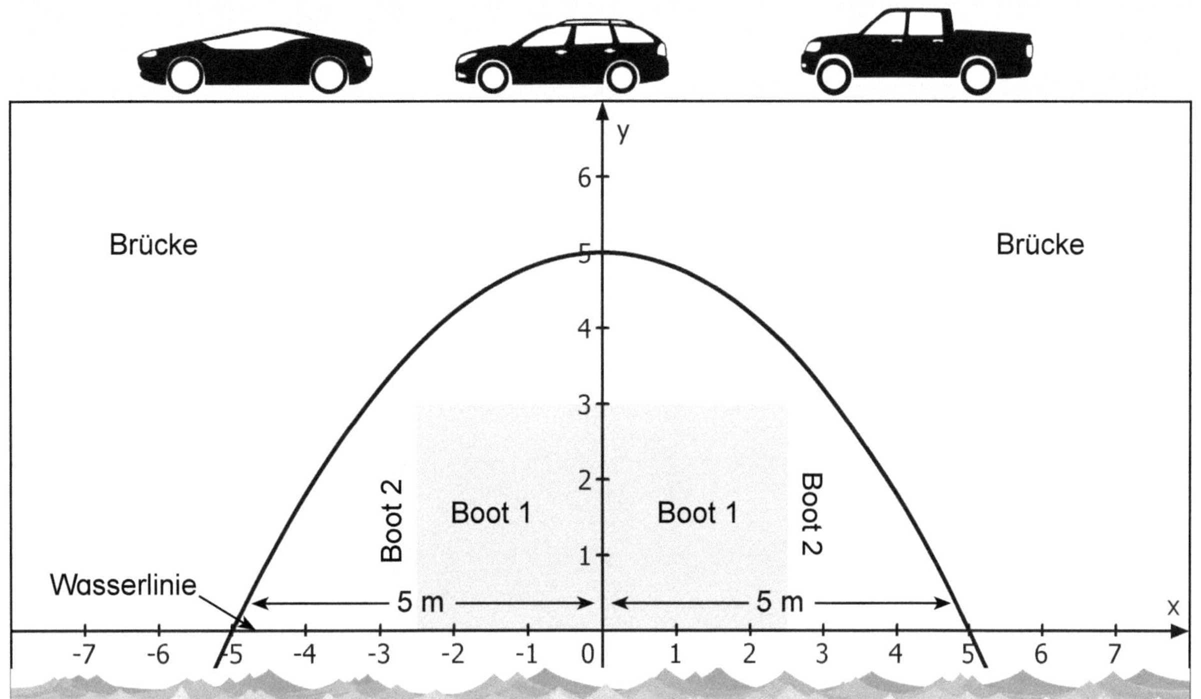

Aufgabe: ***a)*** *Bestimme, wie die Funktionsgleichung der Parabel heißt:*

$y = a \cdot x^2 + 5$	
Berechnung von a:	
x = 5 und y = 0	
eingesetzt:	
$0 = a \cdot 5^2 + 5$	
$0 = 25a + 5$	| Seitentausch
$25a + 5 = 0$	| -5
$25a = -5$	| : 25
$a = -0{,}2$	
Funktionsgleichung: $y = -0{,}2\,x^2 + 5$	

b) *Erstelle zur Funktionsgleichung eine Wertetabelle.*

x	1	2	3	4	5	0	-1	-2	-3	-4	-5
y	4,8	4,2	3,2	1,8	0	5	4,8	4,2	3,2	1,8	0

c) *Stelle fest, ob ein **5 m** breites Boot, das 3 m über der Wasserlinie hoch ist, auf dem Fluss unter der Brücke hindurchfahren kann.*

Angenommen, das Boot fährt direkt in der Mitte des Flusses unter der Brücke hindurch: Wenn für x die Zahl 2,5 (= Hälfte der Bootsbreite) eingesetzt wird, ergibt sich der y-Wert 3,75. Also kann das 3 m hohe Boot hindurchfahren.

d) *Finde nun heraus, ob ein **6 m** breites Brot, das 3 m über der Wasserlinie hoch ist, auf dem Fluss unter der Brücke hindurchfahren kann.*

Angenommen, das Boot fährt direkt in der Mitte des Flusses unter der Brücke hindurch: Wenn für x die Zahl 3 (= Hälfte der Bootsbreite) eingesetzt wird, ergibt sich der y-Wert 3,3. Also kann das 3 m hohe Boot noch so eben hindurchfahren. Das Boot muss aber sehr genau gesteuert werden.

17 Quadratische Funktionen: Modellieren

Auch oben an so manchen Brücken sind Parabeln sichtbar, so ist es bei Hängebrücken.

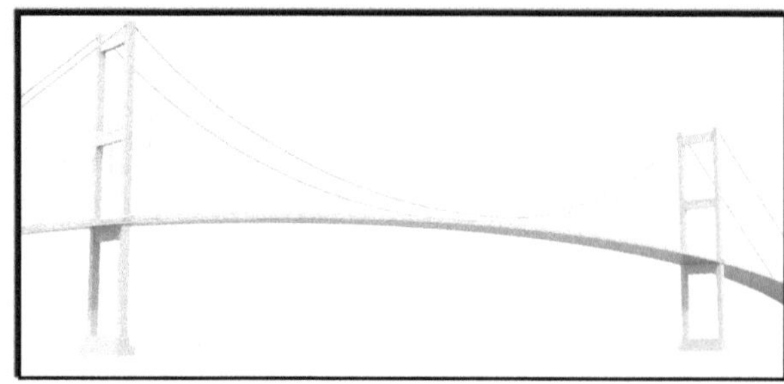

Die folgende Abbildung stellt den parabelförmigen Verlauf des Hauptseils einer Brücke zwischen zwei Pfeilern dar:

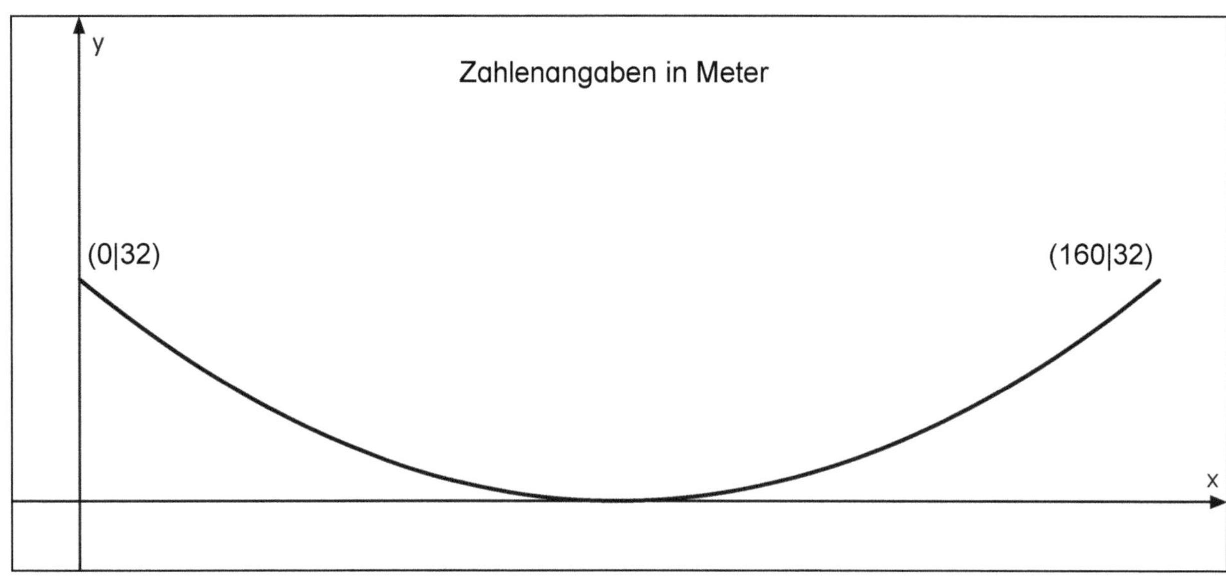

Aufgabe 1: *Wie weit stehen die beiden Pfeiler voneinander entfernt?*

____

Aufgabe 2: *Bestimme bei der Parabel die Koordinaten des Scheitelpunktes.*

____

Aufgabe 3: *Ermittle, wie die Funktionsgleichung der Parabel heißt.*

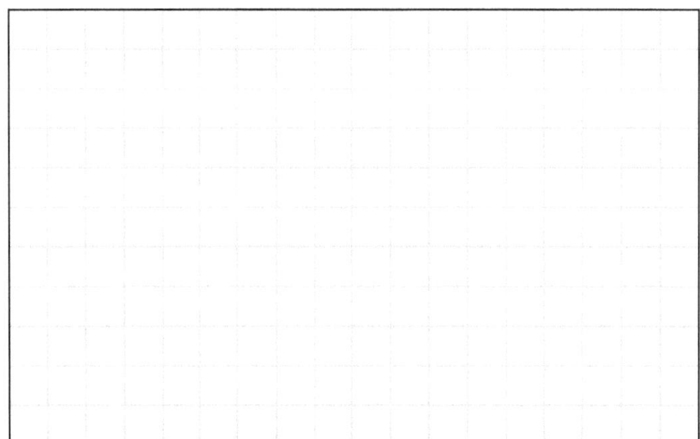

Aufgabe 4: *Stelle zur Funktionsgleichung der Parabel eine Wertetabelle auf.*

x																	
y																	

17 Quadratische Funktionen: Modellieren

Lösungen

Auch oben an so manchen Brücken sind Parabeln sichtbar, so ist es bei Hängebrücken.

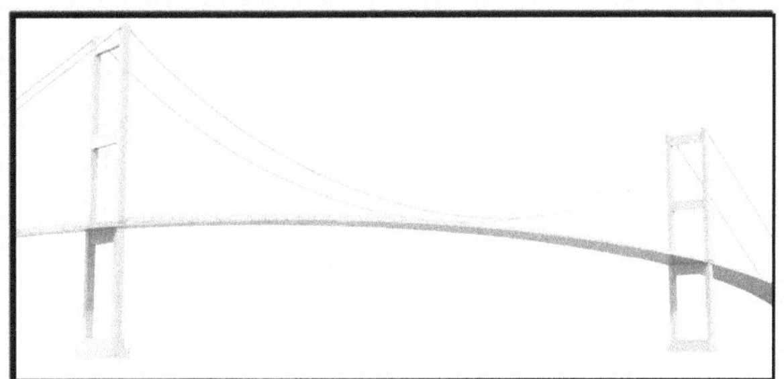

Die folgende Abbildung stellt den parabelförmigen Verlauf des Hauptseils einer Brücke zwischen zwei Pfeilern dar:

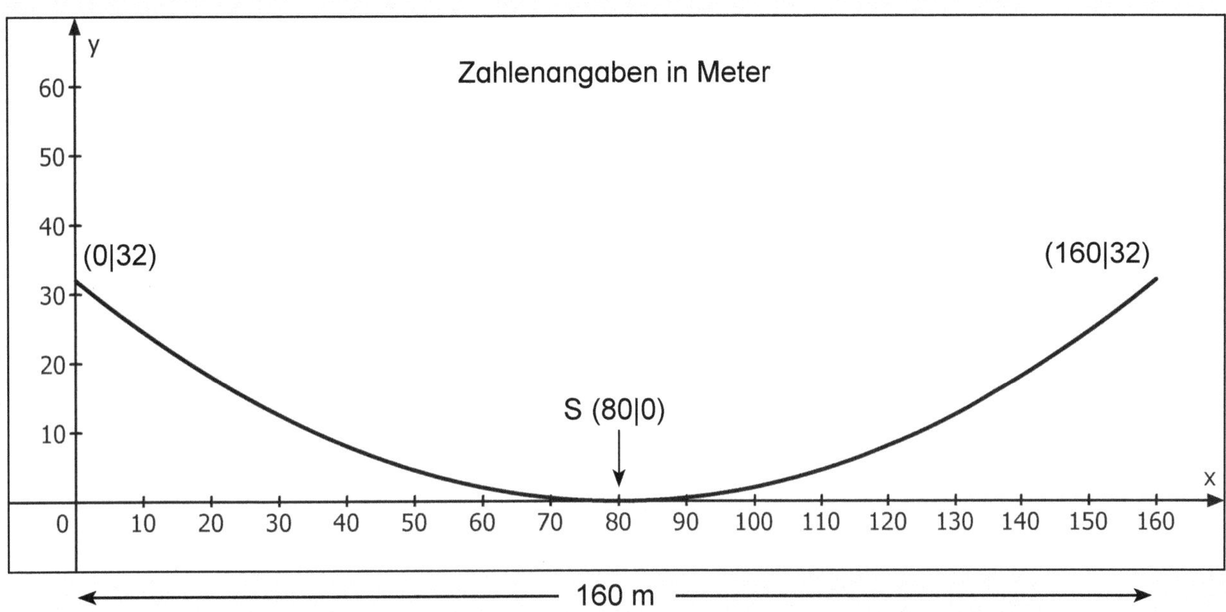

Aufgabe 1: *Wie weit stehen die beiden Pfeiler voneinander entfernt?*

Die beiden Pfeiler stehen 160 Meter auseinander.

Aufgabe 2: *Bestimme bei der Parabel die Koordinaten des Scheitelpunktes.*

Die Koordinaten des Scheitelpunktes sind ***S (80|0)****.*

Aufgabe 3: *Ermittle, wie die Funktionsgleichung der Parabel heißt.*

$y = a\,(x - 80)^2$
Berechnung von a:
Koordinaten des Punktes 160|32 eingesetzt:
$32 = a \cdot (160 - 80)^2$
$32 = a \cdot 80^2$
$32 = a \cdot 6400$ | Seitentausch
$6400\,a = 32$ | : 6400
$a = 0{,}005$
Somit heißt die Funktionsgleichung der Parabel:
$y = 0{,}005\,(x - 80)^2$.

Aufgabe 4: *Stelle zur Funktionsgleichung der Parabel eine Wertetabelle auf.*

x	0	10	20	30	40	50	60	70	80	90	100	110	120	130	140	150	160
y	32	24,5	18	12,5	8	4,5	2	0,5	0	0,5	2	4,5	8	12,5	18	24,5	32

KOHL VERLAG Quadratische Funktionen und Gleichungen - Bestell-Nr. 12 105

17 Quadratische Funktionen: Modellieren eines Einkaufszentrums

Der große Eingang eines modernen Einkaufszentrums weist von vorn die Form einer Parabel auf (s. Zeichnung). Maßstab: 2 Kästchen in der Zeichnung = 1 m in der Realität.

Aufgabe 1: *Wie breit ist der Eingang am Boden? Achte auf den Maßstab.*

Aufgabe 2: *Bis zu welcher Höhe reicht der Eingang des Einkaufszentrums?*

Aufgabe 3: *Trage in die Abbildung ein kartesisches Koordinatensystem ein. Die Bodenlinie soll die x-Achse bilden, die (gedachte) Spiegelachse der Parabel die y-Achse.*

Aufgabe 4: *Finde heraus, wie die Funktionsgleichung der Parabel lautet.*

Aufgabe 5: *Erstelle zur Funktionsgleichung der Parabel eine Wertetabelle.*

x									
y									

17 Quadratische Funktionen: Modellieren

Lösungen

Der große Eingang eines modernen Einkaufszentrums weist von vorn die Form einer Parabel auf (s. Zeichnung). <u>Maßstab</u>: 2 Kästchen in der Zeichnung = 1 m in der Realität.

<u>Aufgabe 1</u>: *Wie breit ist der Eingang am Boden? Achte auf den Maßstab.*

Am Boden ist der Eingang 8 Meter breit.

<u>Aufgabe 2</u>: *Bis zu welcher Höhe reicht der Eingang des Einkaufszentrums?*

Der Eingang reicht bis 20 Meter Höhe.

<u>Aufgabe 3</u>: *Trage in die Abbildung ein kartesisches Koordinatensystem ein. Die Bodenlinie soll die x-Achse bilden, die (gedachte) Spiegelachse der Parabel die y-Achse.*

<u>Aufgabe 4</u>: *Finde heraus, wie die Funktionsgleichung der Parabel lautet.*

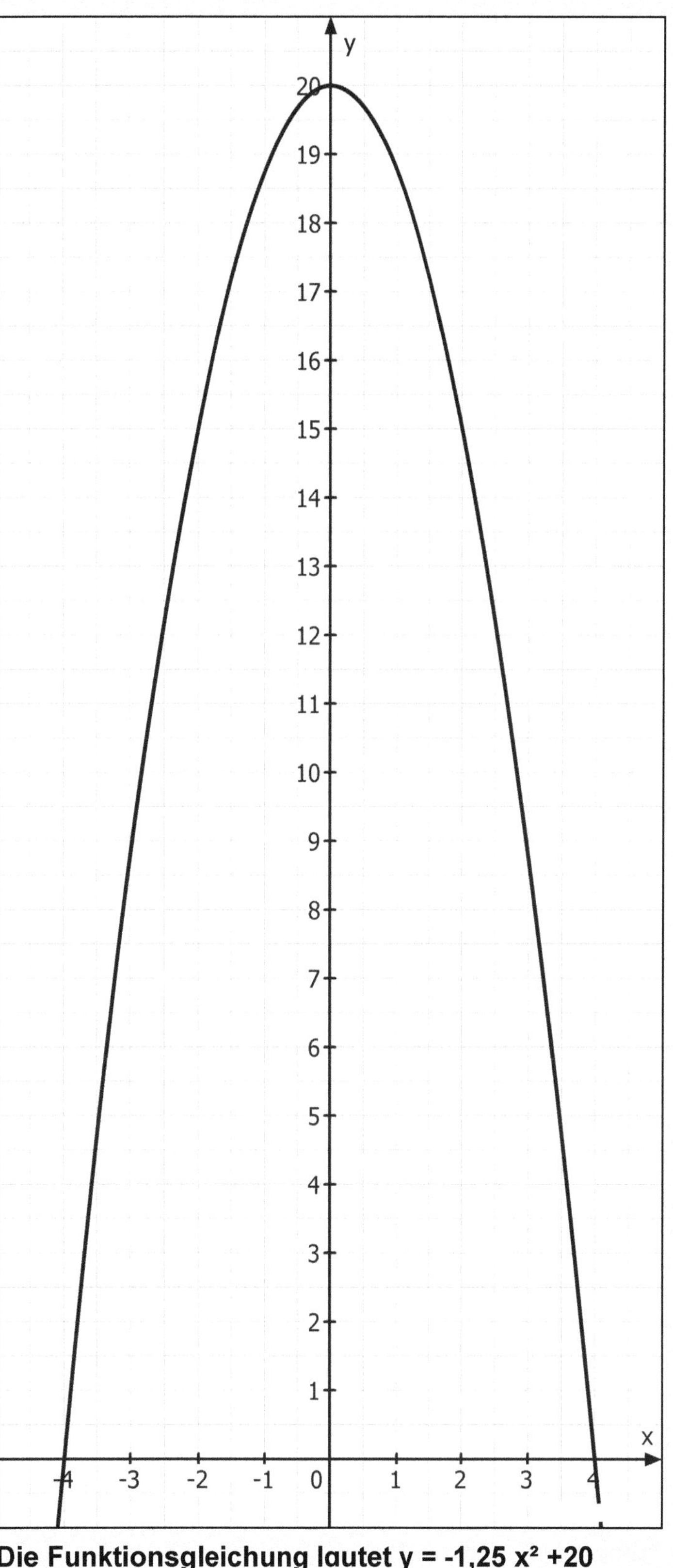

Die Funktionsgleichung lautet y = -1,25 x² +20

Einsetzen der Koordinaten des Punktes P (4 | 0) in die Scheitelpunktform der Parabel, danach Auflösung der Gleichung nach a:

$y = a \cdot x^2 + 20$

$0 = a \cdot 4^2 + 20$

$0 = 16\,a + 20$ | Seitentausch

$16\,a + 20 = 0$ | -20

$16\,a = -20$ | : 16

$a = -1{,}25$

Die Funktionsgleichung lautet
$y = -1{,}25\,x^2 + 20$

<u>Aufgabe 5</u>: *Erstelle zur Funktionsgleichung der Parabel eine Wertetabelle.*

x	1	2	3	4	0	-1	-2	-3	-4
y	18,75	15	8,75	0	20	18,75	15	8,75	0

17 Quadratische Funktionen: Modellieren

Auf einem Gletscher befindet sich eine Spalte. Der Querschnitt dieser Gletscherspalte gleicht einer Parabel mit der Funktionsgleichung $y = 1{,}2\,x^2 - 14{,}7$ (m).

Aufgabe 1: *Zeichne den Graphen in das kartesische Koordinatensystem ein.*

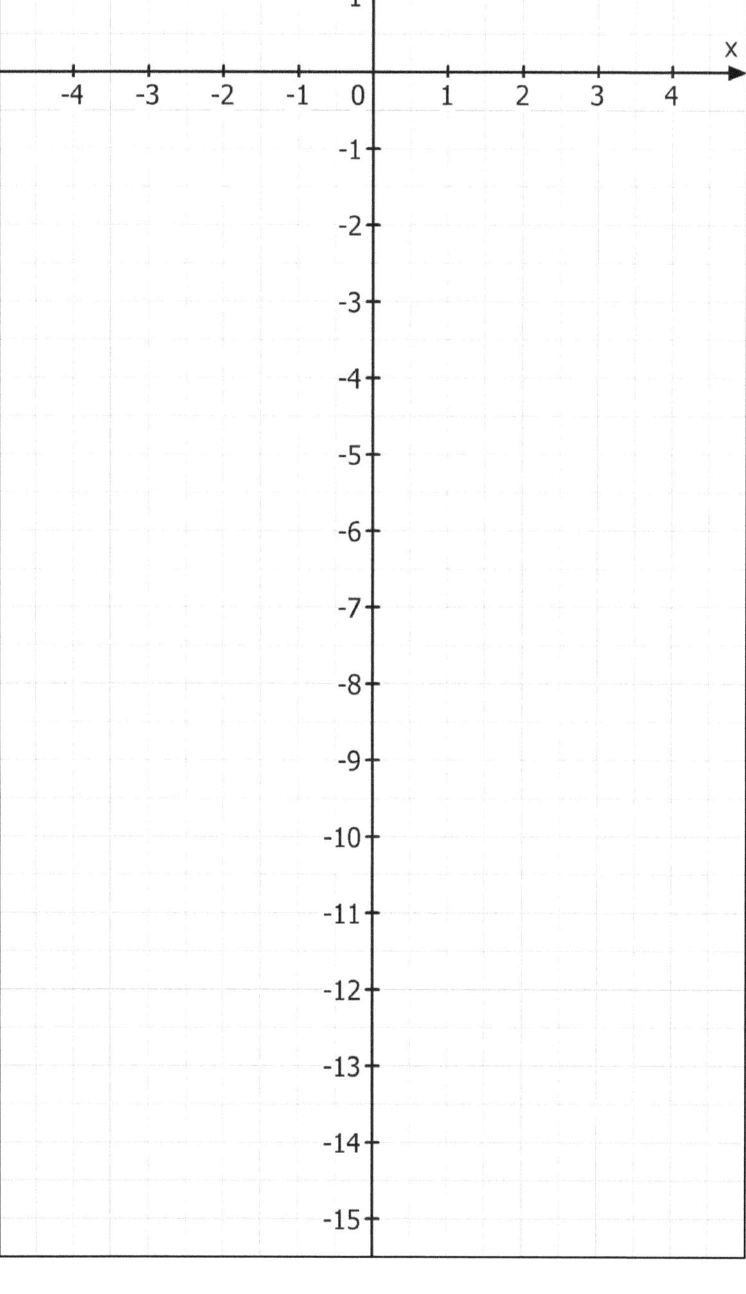

Aufgabe 2: *Wie viel beträgt die größte Tiefe der Gletscherspalte?*

____

____

____

Aufgabe 3: *Erstelle zur Funktionsgleichung eine Wertetabelle.*

Wertetabelle:

x	y

Aufgabe 4: *Wie breit ist die Gletscherspalte ganz oben?*

____

____

____

Aufgabe 5: *Berechne die Nullstellen des Graphen.*

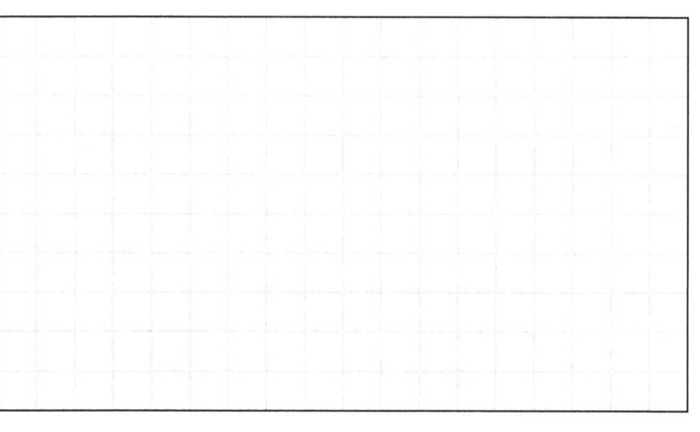

17 Quadratische Funktionen: **Modellieren**

Lösungen

Auf einem Gletscher befindet sich eine Spalte. Der Querschnitt dieser Gletscherspalte gleicht einer Parabel mit der Funktionsgleichung $y = 1{,}2\ x^2 - 14{,}7$ (m).

Aufgabe 1: *Zeichne den Graphen in das kartesische Koordinatensystem ein.*

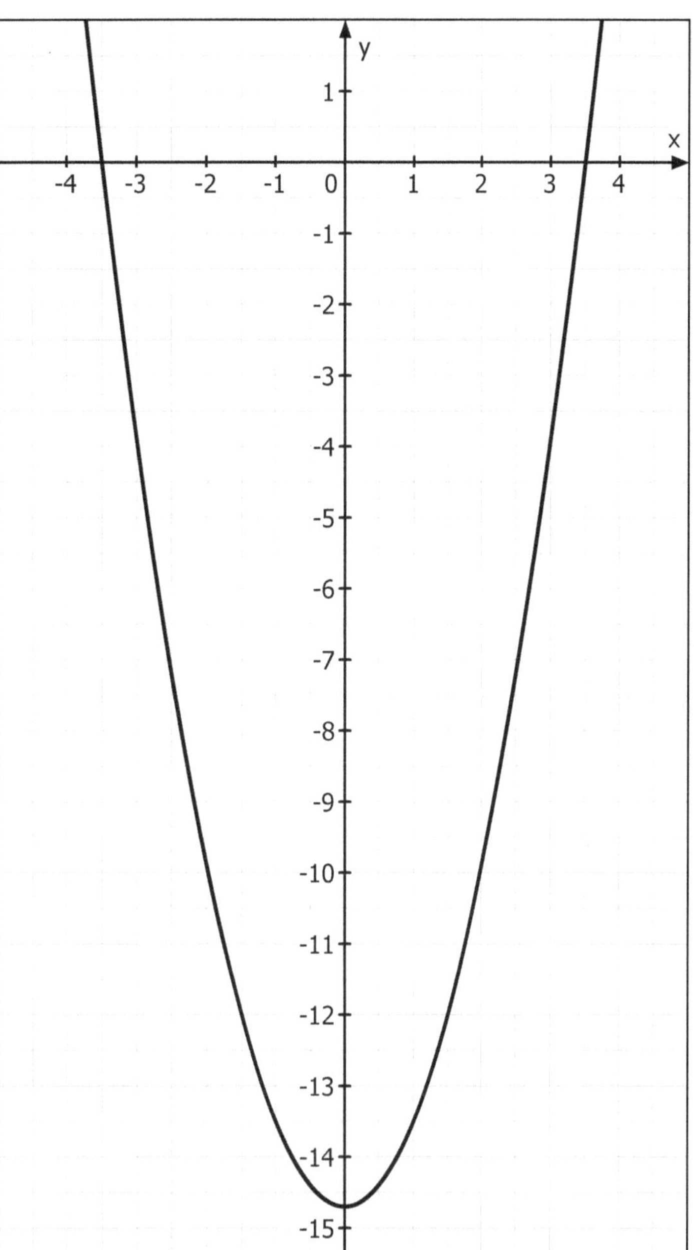

Aufgabe 2: *Wie viel beträgt die größte Tiefe der Gletscherspalte?*

Die größte Tiefe der Gletscherspalte beträgt 14,7 Meter.

Aufgabe 3: *Erstelle zur Funktionsgleichung eine Wertetabelle.*

Wertetabelle:

x	y
1	-13,5
2	-9,9
3	-3,9
3,5	0
4	4,5
0	-14,7
-1	-13,5
-2	-9,9
-3	-3,9
-3,5	0
-4	4,5

Aufgabe 4: *Wie breit ist die Gletscherspalte ganz oben?*

Ganz oben ist die Gletscherspalte 7 Meter breit.

Aufgabe 5: *Berechne die Nullstellen des Graphen.*

Berechnung der Nullstellen y = 0

$0 = 1{,}2\ x^2 - 14{,}7$	$\mid +14{,}7$
$14{,}7 = 1{,}2\ x^2$	$\mid$ Seitentausch
$1{,}2\ x^2 = 14{,}7$	$\mid : 1{,}2$
$x^2 = 12{,}25$	$\mid \sqrt{\ }$

$x_1 = 3{,}5$

$x_2 = -3{,}5$

N_1 (3,5|0)

N_2 (-3,5|0)

Quadratische Funktionen und Gleichungen - Bestell-Nr. 12 105

17 Quadratische Funktionen: Modellieren

Der Wasserstrahl z.B. einer Fontäne ähnelt in seiner Bahnkurve einer Parabel mit der Funktionsgleichung $y = -1{,}6\,(x - 3)^2 + 14{,}4$ (m).

Aufgabe 1: *Bis zu welcher Höhe verläuft der Wasserstrahl?*

____

____

____

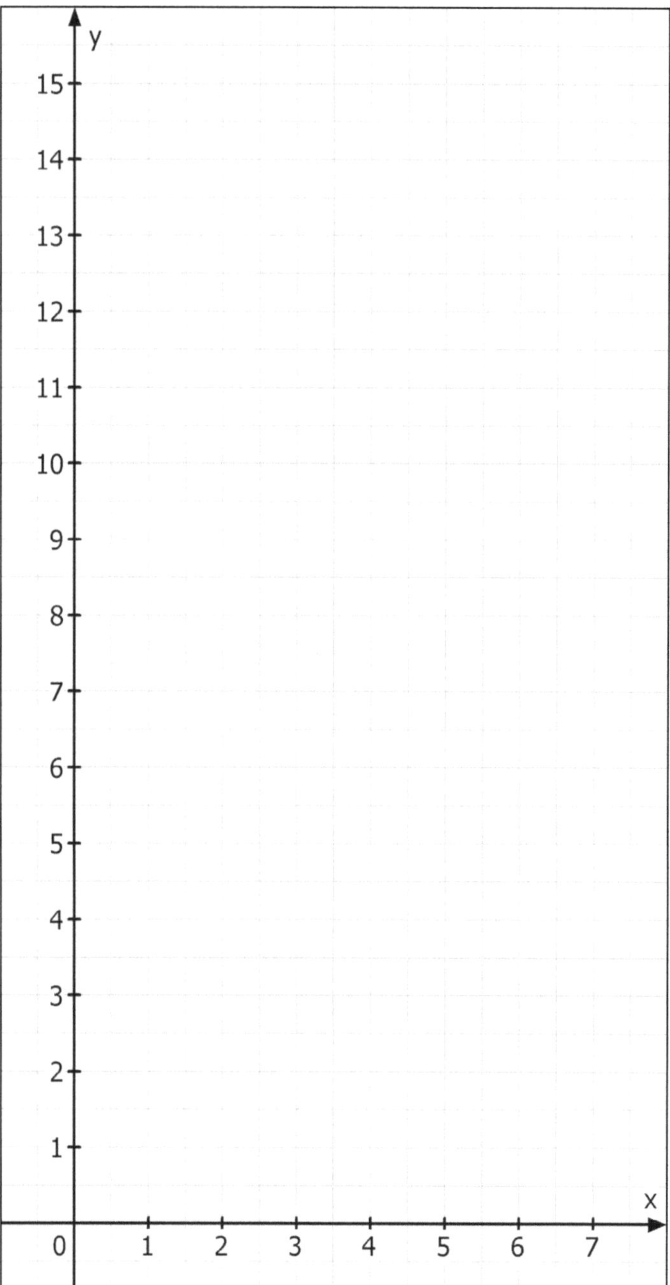

Aufgabe 2: *Zeichne den parabelähnlichen Verlauf des Wasserstrahls in das kartesische Koordinatensystem ein.*

Aufgabe 3: *Stelle zur Funktionsgleichung eine Wertetabelle auf.*

Wertetabelle:

x	y

Aufgabe 4: *In welcher Entfernung vom Ausgangspunkt kommt der Wasserstrahl wieder unten an?*

____

____

____

Aufgabe 5: *Berechne die Nullstellen der Parabel.*

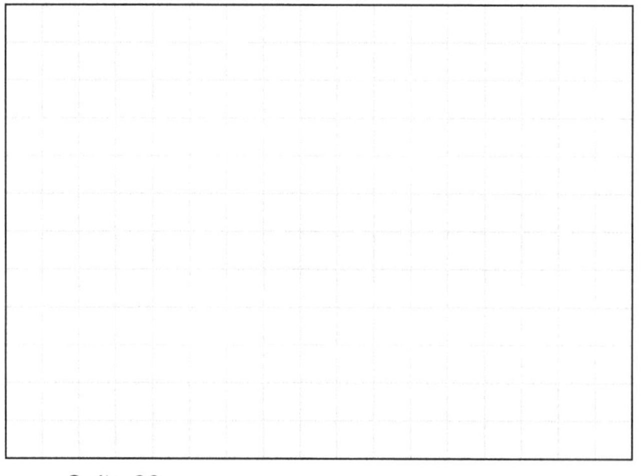

17 Quadratische Funktionen: Modellieren

Lösungen

Der Wasserstrahl z.B. einer Fontäne ähnelt in seiner Bahnkurve einer Parabel mit der Funktionsgleichung $y = -1{,}6\,(x-3)^2 + 14{,}4$ (m).

Aufgabe 1: *Bis zu welcher Höhe verläuft der Wasserstrahl?*

Der Wasserstrahl verläuft bis zur Höhe 14,4 Meter

Aufgabe 2: *Zeichne den parabelähnlichen Verlauf des Wasserstrahls in das kartesische Koordinatensystem ein.*

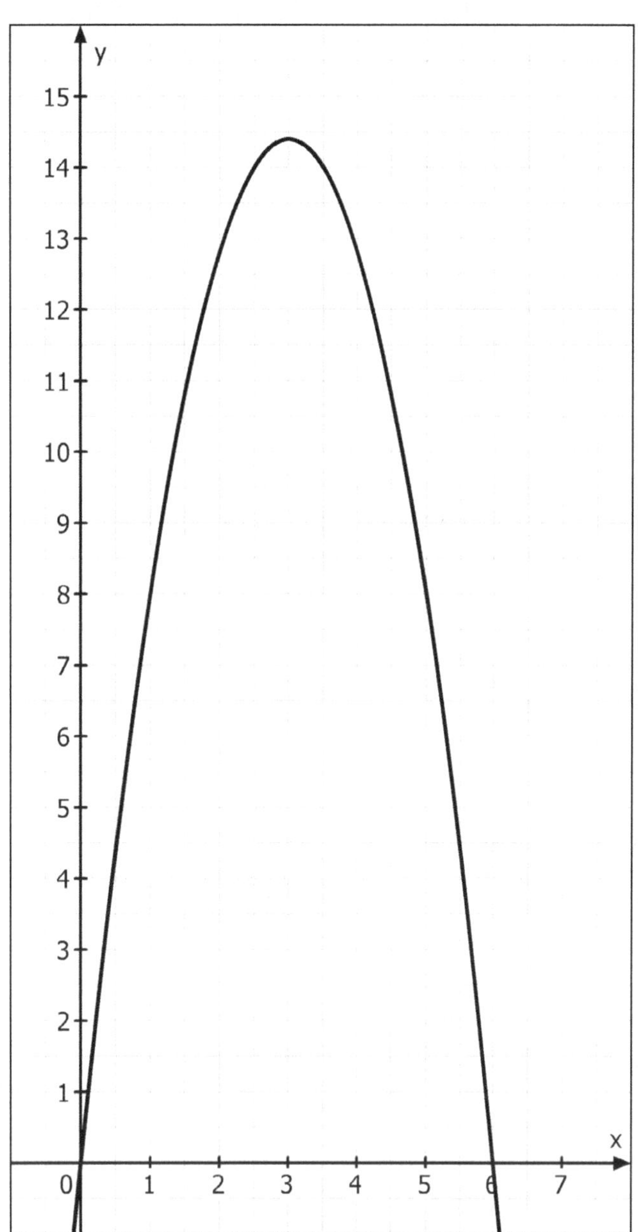

Aufgabe 3: *Stelle zur Funktionsgleichung eine Wertetabelle auf.*

Wertetabelle:

x	y
0	0
1	8
2	12,8
3	14,4
4	12,8
5	8
6	0

Aufgabe 4: *In welcher Entfernung vom Ausgangspunkt kommt der Wasserstrahl wieder unten an?*

In 6 m Entfernung vom Ausgangspunkt kommt der Wasserstrahl wieder unten an.

Aufgabe 5: *Berechne die Nullstellen der Parabel.*

Berechnung der Nullstellen $y = 0$

$0 = -1{,}6\,(x-3)^2 + 14{,}4$

$0 = -1{,}6\,(x^2 - 6x + 9) + 14{,}4$

$0 = -1{,}6\,x^2 + 9{,}6\,x - 14{,}4 + 14{,}4$

$0 = -1{,}6\,x^2 + 9{,}6\,x$ | Seitentausch

$-1{,}6\,x^2 + 9{,}6\,x = 0$ | : (-1,6)

$x^2 - 6x = 0$ | quadr. Erg.

$x^2 - 6x + 9 = 9$ | 2. bin. Formel

$(x-3)^2 = 9$ | $\sqrt{}$

$x - 3 = \pm 3$ | +3

$\underline{x_1 = 6}$ $\underline{x_2 = 0}$

$N_1\,(6|0)$ $N_2\,(0|0)$

18 Quadratische Funktionen: Test II

Aufgabe 1: *Gegeben ist die Parabel mit der Funktionsgleichung:*
$y = 1{,}5\ x^2 - 5$

a) *Ergänze zur Funktionsgleichung die fehlenden y-Werte in der Wertetabelle.*

Wertetabelle:

x	y
1	
2	
3	
0	
-1	
-2	
-3	

b) *Zeichne die Parabel im kartesischen Koordinatensystem ein.*

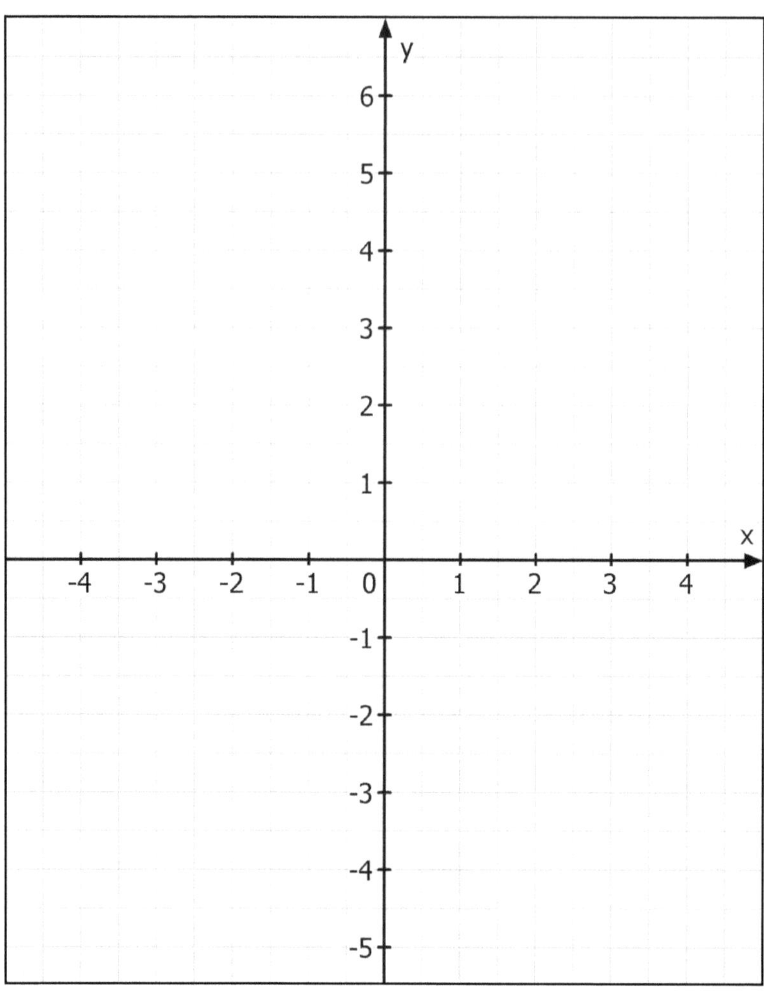

Aufgabe 2: *Gegeben ist die Parabel mit der Funktionsgleichung:*
$y = -0{,}5\ (x - 2)^2 + 4$

a) *Ergänze zur Funktionsgleichung die fehlenden y-Werte in der Wertetabelle.*

Wertetabelle:

x	y
1	
2	
3	
4	
5	
6	
0	
-1	
-2	

b) *Zeichne die Parabel im kartesischen Koordinatensystem ein.*

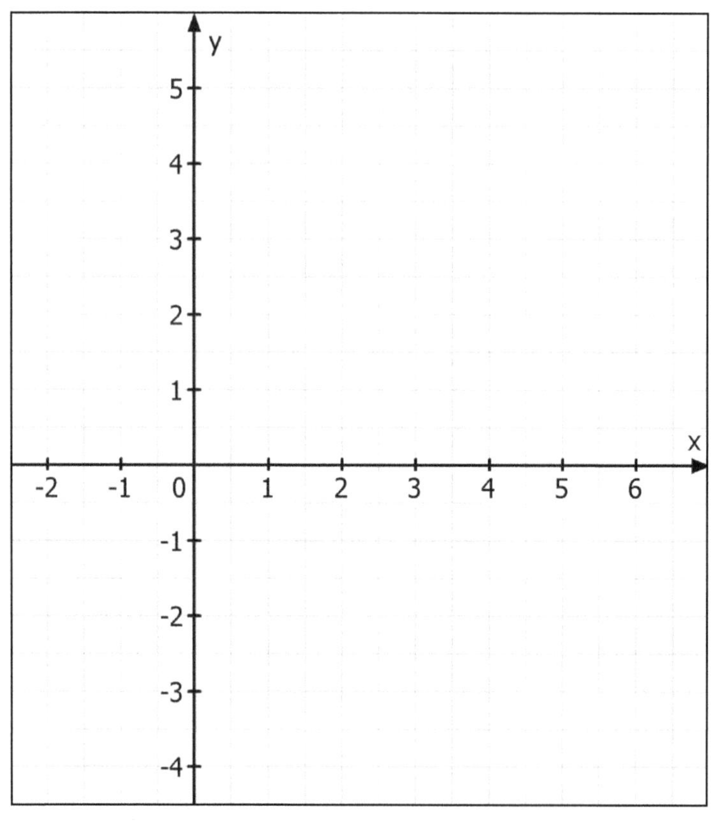

18 Quadratische Funktionen: Test II

Lösungen

Aufgabe 1: *Gegeben ist die Parabel mit der Funktionsgleichung:*
$y = 1,5\,x^2 - 5$

a) *Ergänze zur Funktionsgleichung die fehlenden y-Werte in der Wertetabelle.*

Wertetabelle:

x	y
1	-3,5
2	1
3	8,5
0	-5
-1	-3,5
-2	1
-3	8,5

b) *Zeichne die Parabel im kartesischen Koordinatensystem ein.*

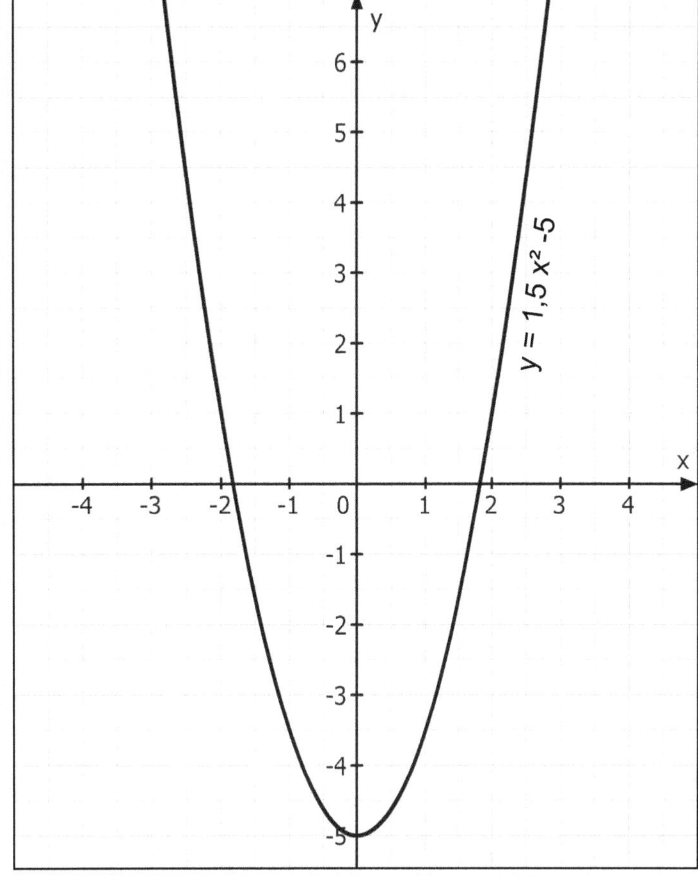

Aufgabe 2: *Gegeben ist die Parabel mit der Funktionsgleichung:*
$y = -0,5\,(x - 2)^2 + 4$

a) *Ergänze zur Funktionsgleichung die fehlenden y-Werte in der Wertetabelle.*

Wertetabelle:

x	y
1	3,5
2	4
3	3,5
4	2
5	-0,5
6	-4
0	2
-1	-0,5
-2	-4

b) *Zeichne die Parabel im kartesischen Koordinatensystem ein.*

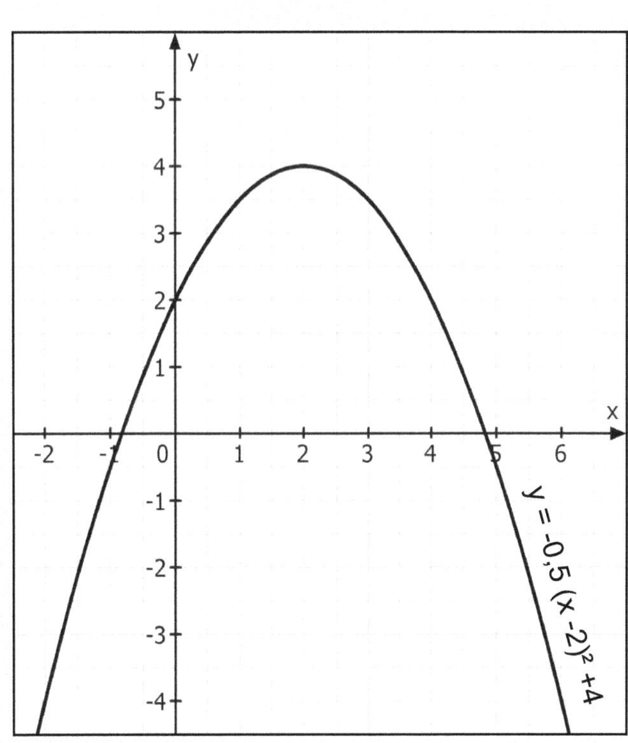

Quadratische Funktionen und Gleichungen - Bestell-Nr. 12 105

18 Quadratische Funktionen: Test II

Aufgabe 3: *Ein Bagger hebt gleichmäßig einen kurzen Entwässerungsgraben aus. Der Querschnitt dieses Grabens gleicht der Parabel mit der Funktionsgleichung $y = 0,75\,x^2 - 3$*

a) *Zeichne die Parabel in das kartesische Koordinatensystem ein und ergänze die fehlenden y-Werte in der Wertetabelle.*

Wertetabelle:

x	1	2	0	-1	-2
y					

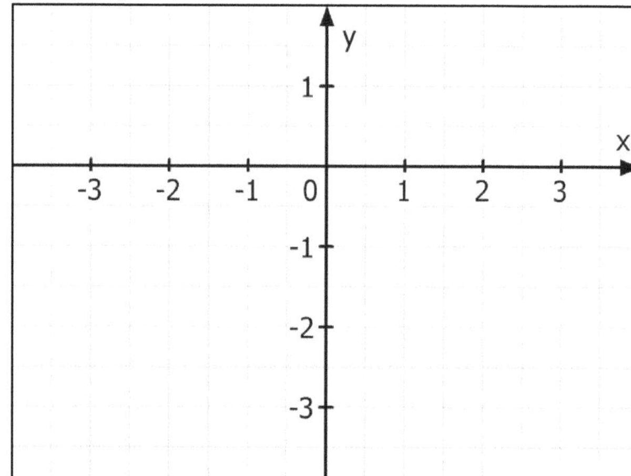

b) *Bis zu welcher Tiefe reicht der Graben?*

____

c) *Wie breit ist der Graben an der Erdoberfläche?*

____

____

Aufgabe 4: *Der Querschnitt eines Schuppens aus Wellblech hat die Form einer Parabel mit der Funktionsgleichung $y = -0,25\,x^2 + 4$.*

a) *Zeichne die Parabel in das kartesische Koordinatensystem ein und ergänze die fehlende y-Werte in der Wertetabelle.*

Wertetabelle:

x	y
1	
2	
3	
4	
0	
-1	
-2	
-3	
-4	

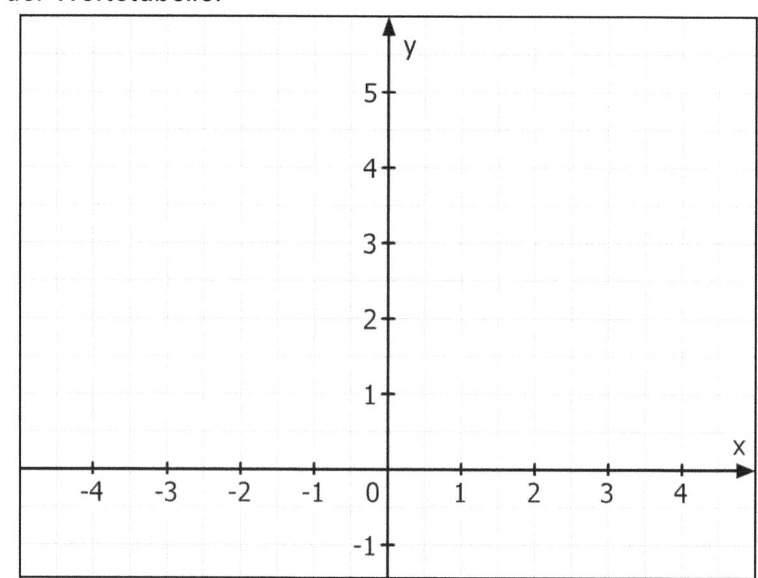

b) *Bis zu welcher Höhe reicht der Schuppen?*

____

c) *Wie breit ist der Schuppen am Boden?*

____

18 Quadratische Funktionen: Test II

Lösungen

Aufgabe 3: *Ein Bagger hebt gleichmäßig einen kurzen Entwässerungsgraben aus. Der Querschnitt dieses Grabens gleicht der Parabel mit der Funktionsgleichung $y = 0{,}75\,x^2 - 3$*

a) *Zeichne die Parabel in das kartesische Koordinatensystem ein und ergänze die fehlenden y-Werte in der Wertetabelle.*

Wertetabelle:

x	1	2	0	-1	-2
y	-2,25	0	-3	-2,25	0

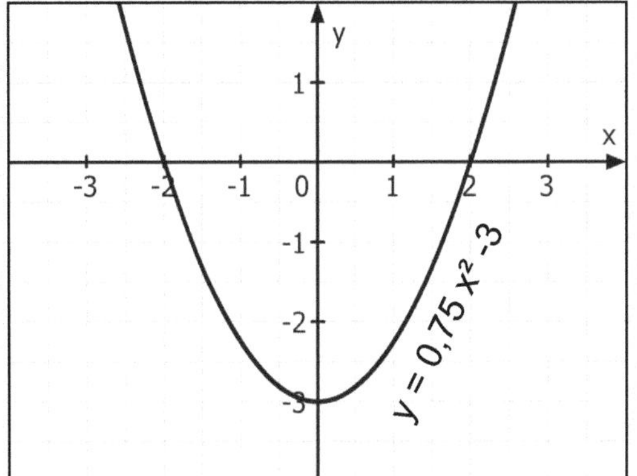

b) *Bis zu welcher Tiefe reicht der Graben?*

Der Graben reicht bis 3 Meter Tiefe.

c) *Wie breit ist der Graben an der Erdoberfläche?*

An der Erdoberfläche ist der Graben 4 Meter breit.

Aufgabe 4: *Der Querschnitt eines Schuppens aus Wellblech hat die Form einer Parabel mit der Funktionsgleichung $y = -0{,}25\,x^2 + 4$.*

a) *Zeichne die Parabel in das kartesische Koordinatensystem ein und ergänze die fehlende y-Werte in der Wertetabelle.*

Wertetabelle:

x	y
1	3,75
2	3
3	1,75
4	0
0	4
-1	3,75
-2	3
-3	1,75
-4	0

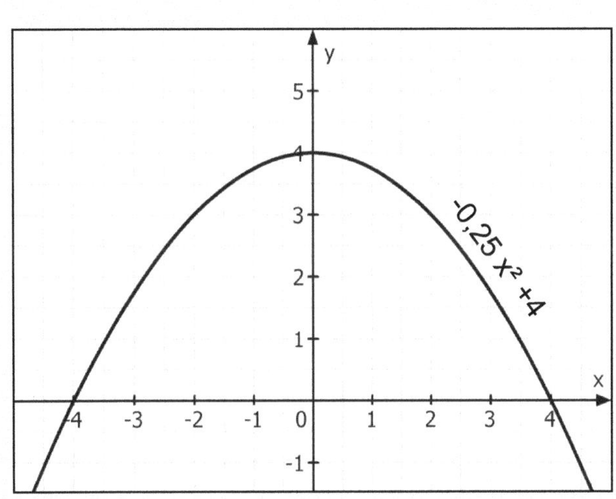

b) *Bis zu welcher Höhe reicht der Schuppen?*

Der Schuppen reicht bis 4 Meter Höhe.

c) *Wie breit ist der Schuppen am Boden?*

Am Boden ist der Schuppen 8 Meter breit.

KOHL VERLAG Quadratische Funktionen und Gleichungen - Bestell-Nr. 12 105

18 Quadratische Funktionen: Test II

Aufgabe 5: *Eine Parabel hat die Funktionsgleichung: $y = 3x^2 + 12x + 9$*

a) *Berechne den Scheitelpunkt dieser Parabel. Mit anderen Worten: Bringe die Funktionsgleichung in die Scheitelpunktform.*

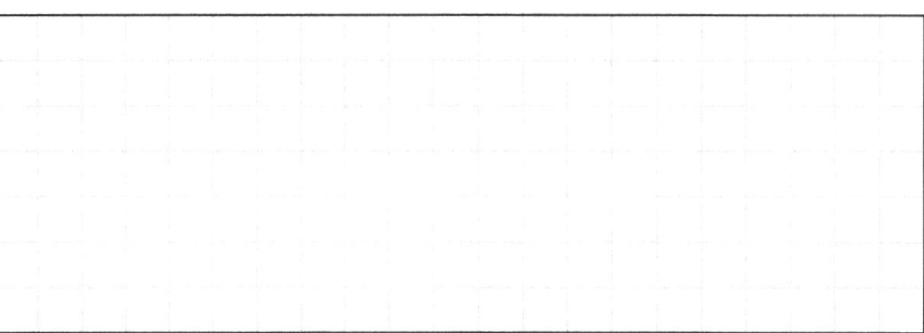

b) *Berechne die Nullstellen der Parabel.*

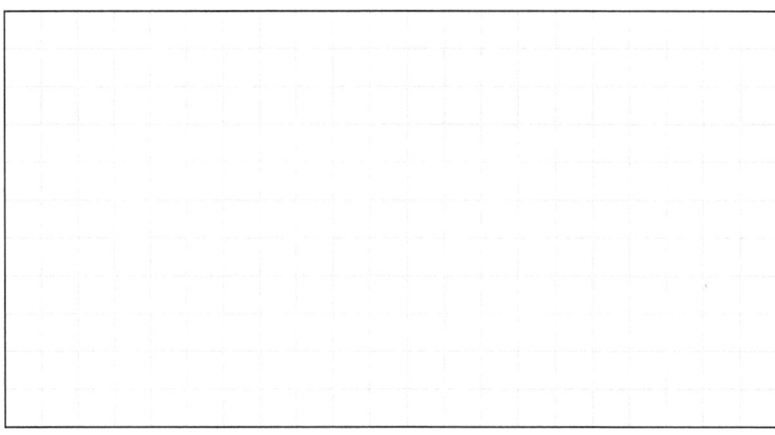

Aufgabe 6: *Die Funktionsgleichung einer Parabel heißt: $y = -0{,}25x^2 + 2x - 3$*

a) *Berechne den Scheitelpunkt dieser Parabel. Mit anderen Worten: Bringe die Funktionsgleichung in die Scheitelpunktform.*

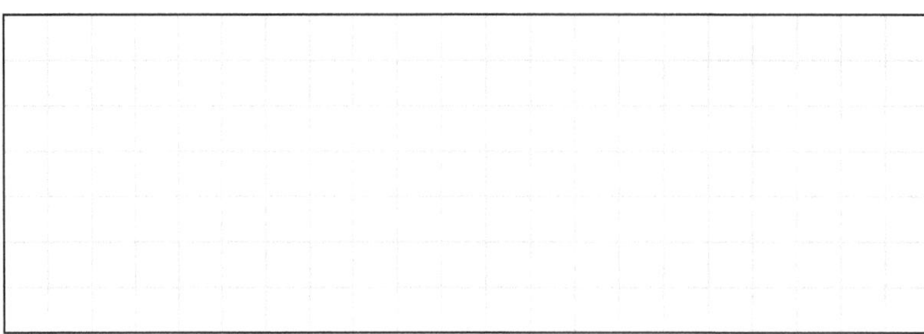

b) *Berechne die Nullstellen der Parabel.*

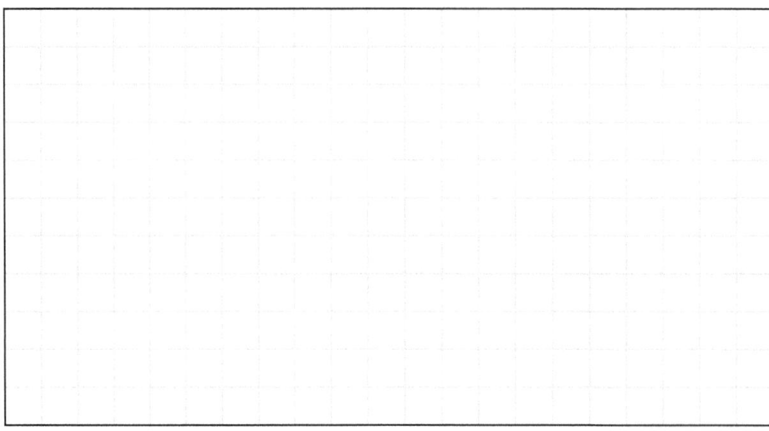

18 Quadratische Funktionen: Test II

Lösungen

Aufgabe 5: *Eine Parabel hat die Funktionsgleichung: $y = 3x^2 + 12x + 9$*

a) Berechne den Scheitelpunkt dieser Parabel. Mit anderen Worten: Bringe die Funktionsgleichung in die Scheitelpunktform.

$y = 3x^2 + 12x + 9$	| Ausklammerung
$y = 3(x^2 + 4x) + 9$	| quadratische Ergänzung
$y = 3(x^2 + 4x + 4 - 4) + 9$	| 1. binomische Formel
$y = 3(x + 2)^2 - 12 + 9$	
$y = 3(x + 2)^2 - 3$	
Scheitelpunkt S (-2|-3)	

b) Berechne die Nullstellen der Parabel.

$y = 0$	
$0 = 3x^2 + 12x + 9$	| :3
$0 = x^2 + 4x + 3$	| -3
$-3 = x^2 + 4x$	| Seitentausch
$x^2 + 4x = -3$	| quadratische Ergänzung
$x^2 + 4x + 4 = -3 + 4$	| 1. binomische Formel
$(x + 2)^2 = 1$	| $\sqrt{}$
$x + 2 = \pm 1$	| -2
$x_1 = -1$ **$x_2 = -3$**	
N_1 (-1|0) N_2 (-3|0)	

Aufgabe 6: *Die Funktionsgleichung einer Parabel heißt: $y = -0{,}25x^2 + 2x - 3$*

a) Berechne den Scheitelpunkt dieser Parabel. Mit anderen Worten: Bringe die Funktionsgleichung in die Scheitelpunktform.

$y = -0{,}25x^2 + 2x - 3$	| Ausklammerung
$y = -0{,}25(x^2 - 8x) - 3$	| quadratische Ergänzung
$y = -0{,}25(x^2 - 8x + 16 - 16) - 3$	| 2. binomische Formel
$y = -0{,}25(x - 4)^2 + 4 - 3$	
$y = -0{,}25(x - 4)^2 + 1$	
Scheitelpunkt S (4|1)	

b) Berechne die Nullstellen der Parabel.

$y = 0$	
$0 = -0{,}25x^2 + 2x - 3$	| • (-4)
$0 = x^2 - 8x + 12$	| -12
$-12 = x^2 - 8x$	| Seitentausch
$x^2 - 8x = -12$	| quadratische Ergänzung
$x^2 - 8x + 16 = -12 + 16$	| 2. binomische Formel
$(x - 4)^2 = 4$	| $\sqrt{}$
$x - 4 = \pm 2$	| +4
$x_1 = 6$ **$x_2 = 2$**	
N_1 (6|0) N_2 (2|0)	

KOHL VERLAG Quadratische Funktionen und Gleichungen - Bestell-Nr. 12 105

18 Quadratische Funktionen: Test II

Aufgabe 7: *Bestimme...:*

a) *..den Scheitelpunkt der Parabel.*

___

b) *..die Funktionsgleichung der Parabel.*

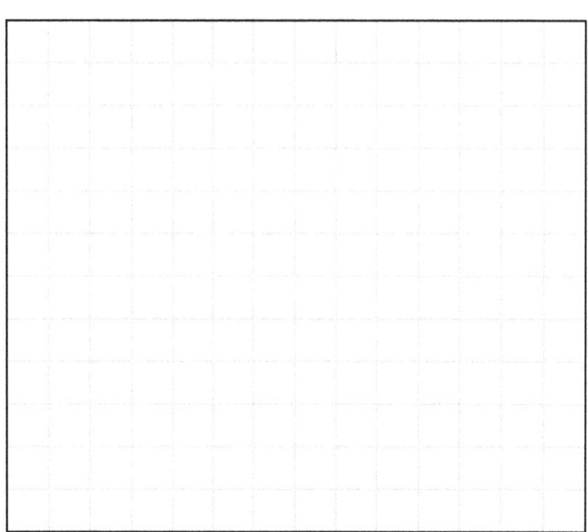

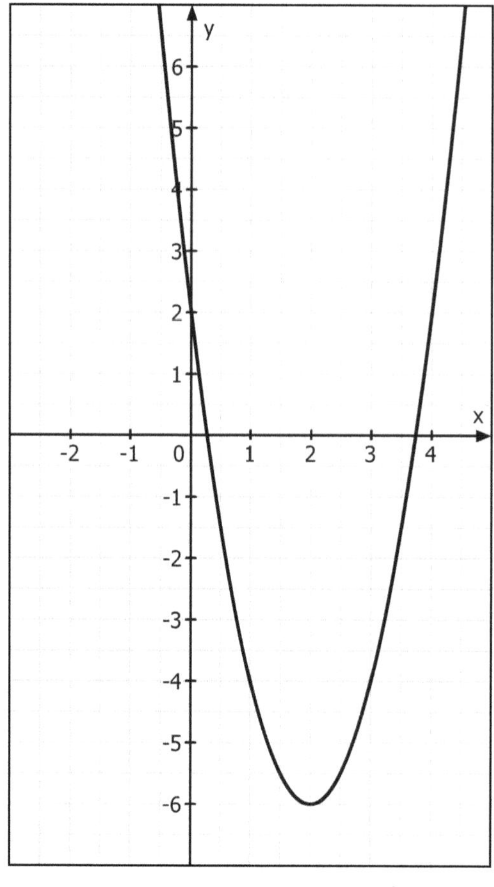

Aufgabe 8: *Bestimme...:*

a) *..den Scheitelpunkt der Parabel.*

___

b) *..die Funktionsgleichung der Parabel.*

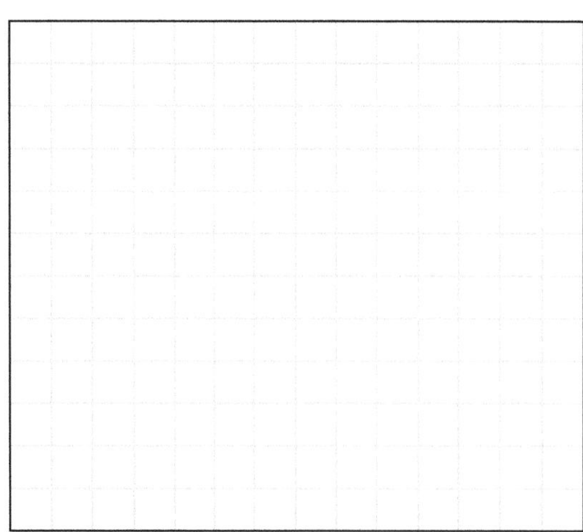

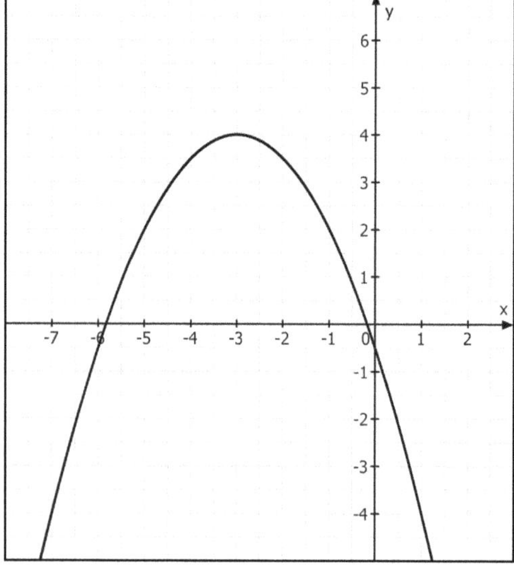

18 Quadratische Funktionen: Test II

Lösungen

Aufgabe 7: Bestimme...:

a) *..den Scheitelpunkt der Parabel.*

Scheitelpunkt S (2|-6)

b) *..die Funktionsgleichung der Parabel.*

$y = a\,(x - 2)^2 - 6$

Einsetzung des Punktes (4|2) in die Gleichung:

$2 = a\,(4 - 2)^2 - 6$

$2 = a \cdot 2^2 - 6$

$2 = 4a - 6$ | +6

$8 = 4a$ | Seitentausch

$4a = 8$ | : 4

$a = 2$

Somit lautet die Funktionsgleichung:

$y = 2\,(x - 2)^2 - 6$

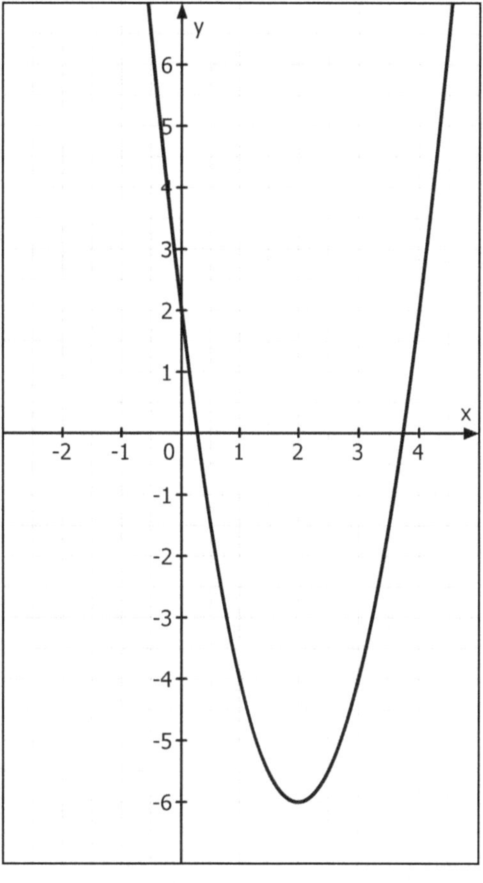

Aufgabe 8: *Bestimme...:*

a) *..den Scheitelpunkt der Parabel.*

Scheitelpunkt S (-3|4)

b) *..die Funktionsgleichung der Parabel.*

$y = a\,(x + 3)^2 + 4$

Einsetzung des Punktes (1|-4) in die Gleichung:

$-4 = a\,(1 + 3)^2 + 4$

$-4 = a \cdot 4^2 + 4$

$-4 = 16a + 4$ | -4

$-8 = 16a$ | Seitentausch

$16a = -8$ | : 16

$a = -0{,}5$

Somit lautet die Funktionsgleichung:

$y = -0{,}5\,(x + 3)^2 + 4$

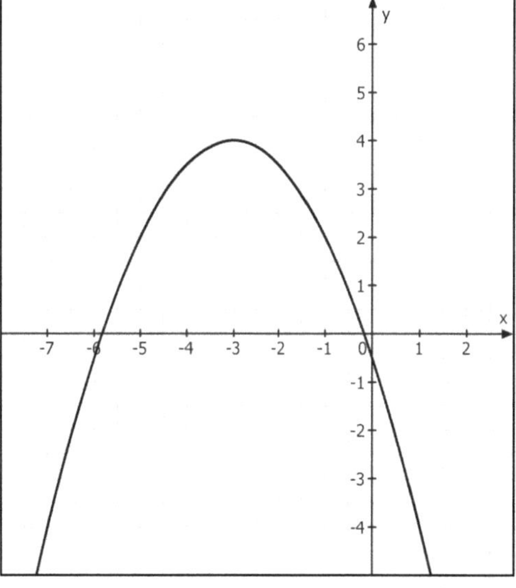

18 Quadratische Funktionen: Test II

Aufgabe 9: *Für Autofahrer gibt es Faustformeln zur Berechnung der Länge des Anhalteweges (= y) in Meter. Die Länge des Anhalteweges ist abhängig von der jeweiligen Geschwindigkeit (= x). Die Maßeinheit für die Geschwindigkeit ist km/h.*

Es gelten für die Länge des Anhalteweges (in Meter) die Funktionsgleichungen:
– auf trockener Fahrbahn: $y = 0{,}01\ x^2 + 0{,}3\ x$
– auf nasser Fahrbahn: $y = 0{,}04\ x^2 + 0{,}3\ x$
– auf vereister Fahrbahn: $y = 0{,}1\ x^2 + 0{,}3\ x$

Berechne die jeweilige Länge des Anhalteweges, wenn jemand mit dem Auto 80 km/h fährt.

a) *Länge des Anhalteweges auf trockener Fahrbahn:*

____

b) *Länge des Anhalteweges auf nasser Fahrbahn:*

____

c) *Länge des Anhalteweges auf vereister Fahrbahn:*

____

Aufgabe 10: *Bei einem Fußballspiel schießt ein Abwehrspieler den Ball 40 Meter weit nach vorn in die gegnerische Spielfeldhälfte. Die Flugbahn des Balles verläuft parabelförmig. Dabei fliegt der Ball bis zu 8 Meter hoch.*

a) *Zeichne als Skizze die parabelförmige Flugbahn des Balles im kartesischen Koordinatensystem ein. Nimm als Ausgangspunkt der Flugbahn des Balles den Mittelpunkt (= 0|0) des Koordinatensystems.*

b) *Welche Koordinaten hat der Scheitelpunkt der parabelförmigen Flugbahn?*

____

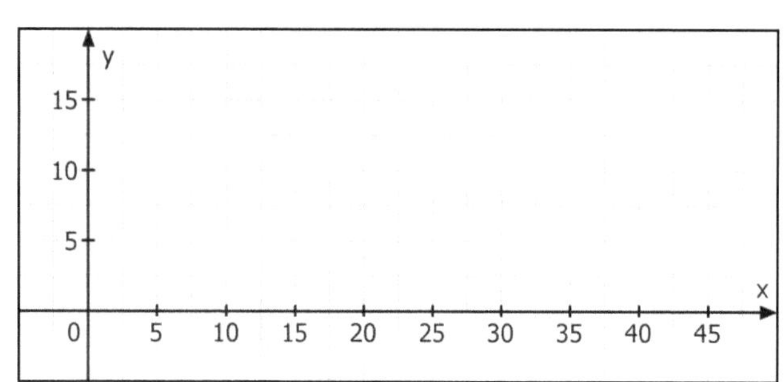

c) *Bestimme die Funktionsgleichung der parabelförmigen Flugbahn.*

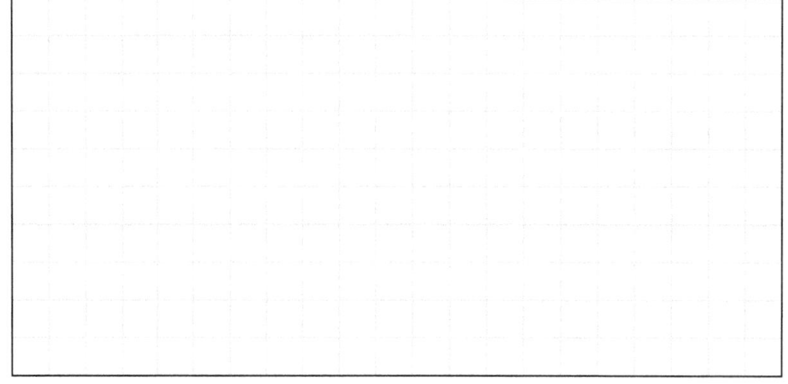

18 Quadratische Funktionen: Test II

Lösungen

Aufgabe 9: *Für Autofahrer gibt es Faustformeln zur Berechnung der Länge des Anhalteweges (= y) in Meter. Die Länge des Anhalteweges ist abhängig von der jeweiligen Geschwindigkeit (= x). Die Maßeinheit für die Geschwindigkeit ist km/h.*

Es gelten für die Länge des Anhalteweg es (In Mailbox) die Funktionsgleichungen:
– auf trockener Fahrbahn: $y = 0{,}01\ x^2 + 0{,}3\ x$
– auf nasser Fahrbahn: $y = 0{,}04\ x^2 + 0{,}3\ x$
– auf vereister Fahrbahn: $y = 0{,}1\ x^2 + 0{,}3\ x$

Berechne die jeweilige Länge des Anhalteweges, wenn jemand mit dem Auto 80 km/h fährt.

a) *Länge des Anhalteweges auf trockener Fahrbahn:*

88 Meter

b) *Länge des Anhalteweges auf nasser Fahrbahn:*

280 Meter

c) *Länge des Anhalteweges auf vereister Fahrbahn:*

664 Meter

Aufgabe 10: *Bei einem Fußballspiel schießt ein Abwehrspieler den Ball 40 Meter weit nach vorn in die gegnerische Spielfeldhälfte. Die Flugbahn des Balles verläuft parabelförmig. Dabei fliegt der Ball bis zu 8 Meter hoch.*

a) *Zeichne als Skizze die parabelförmige Flugbahn des Balles im kartesischen Koordinatensystem ein. Nimm als Ausgangspunkt der Flugbahn des Balles den Mittelpunkt (= 0|0) des Koordinatensystems.*

b) *Welche Koordinaten hat der Scheitelpunkt der parabelförmigen Flugbahn?*

Scheitelpunkt S (20|8)

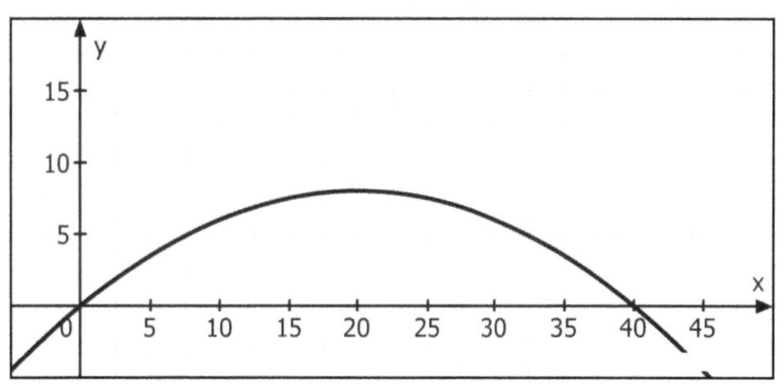

c) *Bestimme die Funktionsgleichung der parabelförmigen Flugbahn.*

$y = a \cdot (x - 20)^2 + 8$
Einsetzung des Punktes P (40 | 0) in die Gleichung:
$0 = a \cdot (40 - 20)^2 + 8$
$0 = a \cdot 20^2 + 8$
$0 = 400\ a + 8$ | -8
$-8 = 400\ a$ | Seitentausch
$400\ a = -8$ | : 400
$a = -0{,}02$
Somit lautet die Funktionsgleichung: $\mathbf{y = -0{,}02\ (x - 20)^2 + 8}$

KOHL VERLAG Quadratische Funktionen und Gleichungen - Bestell-Nr. 12 105

18 Quadratische Funktionen: Test II

Aufgabe 11: *Eine Brücke überquert einen Fluss. Der untere Teil dieser Brücke hat die Form einer Parabel. Diese Parabel hat die Funktionsgleichung $y = -0{,}2x^2 + 5$.*

a) *Zeichne die Parabel in ein kartesisches Koordinatensystem ein. Die x-Achse soll die Wasserlinie des Flusses unter der Brücke bilden. Auf der y-Achse soll der Scheitelpunkt der Parabel liegen.*

b) *Erstelle zur Funktionsgleichung eine Wertetabelle.*

Wertetabelle:

x	y

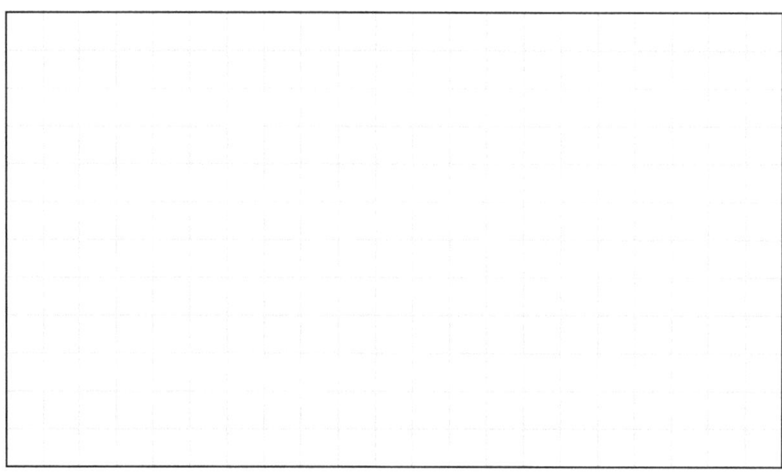

Aufgabe 12: *Bei einer Hängebrücke verläuft ein Stahlseil parabelförmig zwischen zwei Stützpfeilern (siehe Zeichnung).*

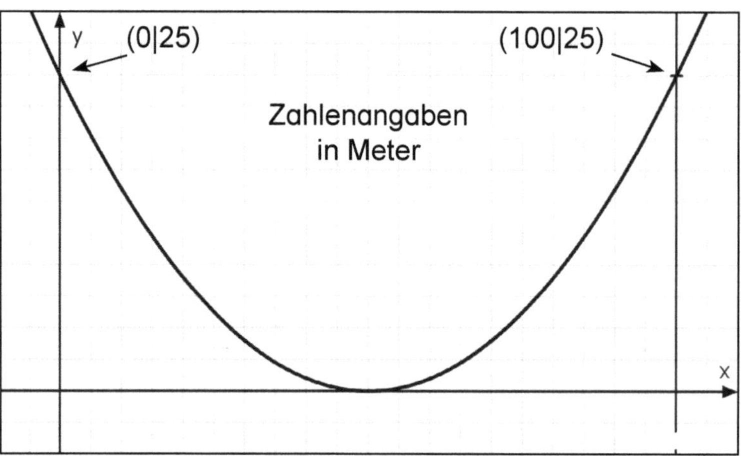

a) *Wie viele Meter stehen beide Stützpfeiler voneinander entfernt?*

____

____

b) *Welche Koordinaten weist der Scheitelpunkt der Parabel auf?*

____

____

c) *Bestimme die Funktionsgleichung der Parabel.*

18 Quadratische Funktionen: Test II

Lösungen

Aufgabe 11: *Eine Brücke überquert einen Fluss. Der untere Teil dieser Brücke hat die Form einer Parabel. Diese Parabel hat die Funktionsgleichung $y = -0,2x^2 + 5$.*

a) *Zeichne die Parabel in ein kartesisches Koordinatensystem ein. Die x-Achse soll die Wasserlinie des Flusses unter der Brücke bilden. Auf der y-Achse soll der Scheitelpunkt der Parabel liegen.*

b) *Erstelle zur Funktionsgleichung eine Wertetabelle.*

Wertetabelle:

x	y
1	4,8
2	4,2
3	3,2
4	1,8
5	0
-1	4,8
-2	4,2
-3	3,2
-4	1,8
-5	0

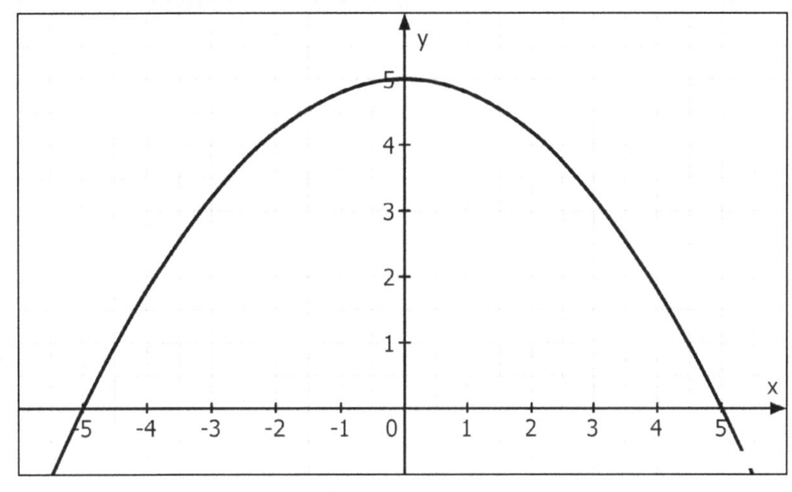

Aufgabe 12: *Bei einer Hängebrücke verläuft ein Stahlseil parabelförmig zwischen zwei Stützpfeilern (siehe Zeichnung).*

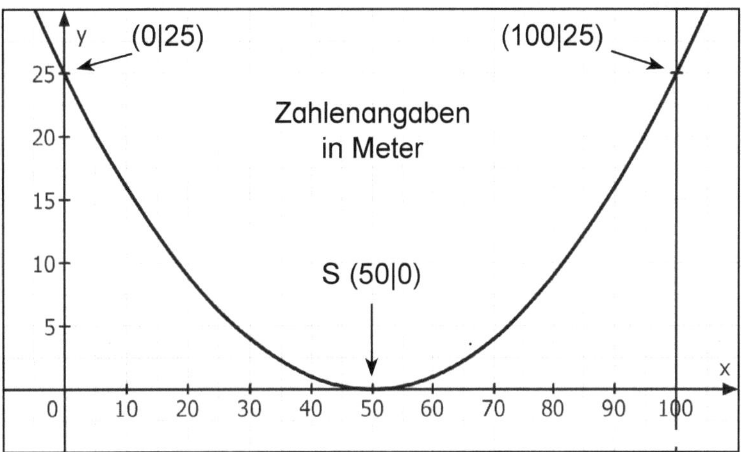

a) *Wie viele Meter stehen beide Stützpfeiler voneinander entfernt?*

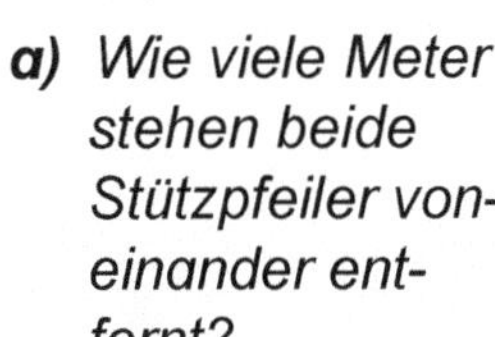

Beide Stützpfeiler stehen 100 Meter voneinander entfernt.

b) *Welche Koordinaten weist der Scheitelpunkt der Parabel auf?*

Der Scheitelpunkt der Parabel hat die Koordinaten 50|0.

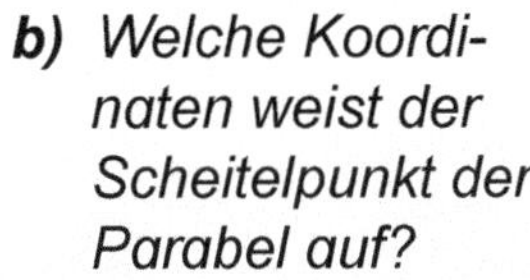

c) *Bestimme die Funktionsgleichung der Parabel.*

$y = a \cdot (x - 50)^2$

Einsetzung des Punktes (100|25) in die Gleichung:

$25 = a \cdot (100 - 50)^2$

$25 = a \cdot 50^2$

$25 = a \cdot 2500$

$25 = 2500\,a$ | Seitentausch

$2500\,a = 25$ | : 2500

$a = 0,01$

Also heißt die Funktionsgleichung:

$y = 0,01\,(x - 50)^2$

1 Quadratische Gleichungen – Einführung

In den quadratischen Gleichungen[1] ist mindestens ein quadratisches Glied (gewöhnlich x^2) enthalten.

Eine reinquadratische Gleichung ist eine Gleichung, in der zumindest ein quadratisches Glied (= gewöhnlich x^2) vorhanden ist, aber kein lineares Glied (= gewöhnlich x).
Beispiele für rein quadratische Gleichungen:

$x^2 = 9$; $x^2 - 6 = 10$; $x^2 + 16 = 80$

Bei einer gemischtquadratischen Gleichung kommen mindestens ein quadratisches Glied (= gewöhnlich x^2) sowie eine lineares Glied (gewöhnlich x) vor.

Beispiele für gemischtquadratische Gleichungen:

$x^2 + 2x - 3 = 0$; $2x^2 - 4x = 30$

Um eine quadratische Gleichung zu lösen, gilt es x^2 auf der linken Seite der Gleichung zu isolieren und die Quadratwurzel ($\sqrt{\ }$) zu ziehen.

Beispiele für die Lösung reinquadratischer Gleichungen:

$x^2 = 9 \quad | \sqrt{\ }$
$x = \pm 3$
$\underline{\mathbf{x_1 = 3}}$
$\underline{\mathbf{x_2 = -3}}$

Proben:
$\mathbf{x_1}$: $3^2 = 9$; $9 = 9$
$\mathbf{x_2}$: $(-3)^2 = 9$; $9 = 9$

$x^2 - 6 = 10 \quad | +6$
$x^2 = 10 + 6$
$x^2 = 16 \quad | \sqrt{\ }$
$x = \pm 4$
$\underline{\mathbf{x_1 = 4}}$
$\underline{\mathbf{x_2 = -4}}$

Proben:
$\mathbf{x_1}$: $4^2 = 16$; $16 = 16$
$\mathbf{x_2}$: $(-4)^2 = 16$; $16 = 16$

$x^2 + 16 = 80 \quad | -16$
$x^2 = 80 - 16$
$x^2 = 64 \quad | \sqrt{\ }$
$x = \pm 8$
$\underline{\mathbf{x_1 = 8}}$
$\underline{\mathbf{x_2 = -8}}$

Proben:
$\mathbf{x_1}$: $8^2 + 16 = 80$; $64 + 16 = 80$; $80 = 80$
$\mathbf{x_2}$: $(-8)^2 + 16 = 80$; $64 + 16 = 80$; $80 = 80$

---

[1] Quadratische Gleichungen werden auch als Gleichungen 2. Grades bezeichnet.

2 Reinquadratische Gleichungen

Aufgabe: *Berechne die x-Werte und mache die Proben.*

a) $x^2 = 81$

b) $x^2 - 121 = 0$

c) $x^2 + 14 = 210$

d) $x^2 - 35 = 254$

e) $x^2 - 6{,}25 = 50$

f) $x^2 + 9{,}25 = 100$

g) $8\,x^2 + 52 = 700$

h) $\frac{1}{3}\,x^2 - 17{,}5 = 30{,}5$

i) $0{,}4\,x^2 + 75 = 165$

j) $1{,}6\,x^2 - 68{,}5 = 450$

2 Reinquadratische Gleichungen

Lösungen

Aufgabe: *Berechne die x-Werte und mache die Proben.*

a)
$x^2 = 81 \quad | \sqrt{\ }$
$x = \pm 9$
$\underline{\mathbf{x_1 = 9}} \quad \underline{\mathbf{x_2 = -9}}$

Proben:
$\mathbf{x_1}$ $9^2 = 81$; $81 = 81$
$\mathbf{x_2}$ $(-9)^2 = 81$; $81 = 81$

b)
$x^2 -121 = 0 \quad | +121$
$x^2 = 121 \quad | \sqrt{\ }$
$x = \pm 11$
$\underline{\mathbf{x_1 = 11}} \quad \underline{\mathbf{x_2 = -11}}$

Proben:
$\mathbf{x_1}$ $11^2 -121 = 0$; $121 -121 = 0$; $0 = 0$
$\mathbf{x_2}$ $(-11)^2 -121 = 0$; $121 -121 = 0$; $0 = 0$

c)
$x^2 +14 = 210 \quad | -14$
$x^2 = 210 -14$
$x^2 = 196 \quad | \sqrt{\ }$
$\underline{\mathbf{x_1 = 14}} \quad \underline{\mathbf{x_2 = -14}}$

Proben:
$\mathbf{x_1}$ $14^2 + 14 = 210$; $196 +14 = 210$; $210 = 210$
$\mathbf{x_2}$ $(-14)^2 + 14 = 210$; $196 + 14 = 210$; $210 = 210$

d)
$x^2 -35 = 254 \quad | +35$
$x^2 = 254 + 35$
$x^2 = 289 \quad | \sqrt{\ }$
$\underline{\mathbf{x_1 = 17}} \quad \underline{\mathbf{x_2 = -17}}$

Proben:
$\mathbf{x_1}$ $17^2 -35 = 254$; $289 -35 = 254$; $254 = 254$
$\mathbf{x_2}$ $(-17)^2 -35 = 254$; $289 -35 = 254$; $254 = 254$

e)
$x^2 -6{,}25 = 50 \quad | +6{,}25$
$x^2 = 50 +6{,}25$
$x^2 = 56{,}25$
$\underline{\mathbf{x_1 = 7{,}5}} \quad \underline{\mathbf{x_2 = -7{,}5}}$

Proben:
$\mathbf{x_1}$ $7{,}5^2 -6{,}25 = 50$; $56{,}25 -6{,}25 = 50$; $50 = 50$
$\mathbf{x_2}$ $(-7{,}5) -6{,}25 = 50$; $56{,}25 -6{,}25 = 50$; $50 = 50$

f)
$x^2 +9{,}25 = 100 \quad | -9{,}75$
$x^2 = 100 -9{,}25$
$x^2 = 90{,}25$
$\underline{\mathbf{x_1 = 9{,}5}} \quad \underline{\mathbf{x_2 = -9{,}5}}$

Proben:
$\mathbf{x_1}$ $9{,}5^2 +9{,}25 = 100$; $90{,}25 +9{,}25 = 100$; $100 = 100$
$\mathbf{x_2}$ $(-9{,}5)^2 +9{,}25 = 100$; $90{,}25 +9{,}75 = 100$; $100 = 100$

g)
$8\,x^2 +52 = 700 \quad | : 8$
$x^2 +6{,}5 = 87{,}5 \quad | -6{,}5$
$x^2 = 81$
$\underline{\mathbf{x_1 = 9}} \quad \underline{\mathbf{x_2 = -9}}$

Proben:
$\mathbf{x_1}$ $8 \cdot 9^2 +52 = 700$; $8 \cdot 81 +52 = 700$; $648 + 52 = 700$; $700 = 700$
$\mathbf{x_2}$ $8 \cdot (-9)^2 +52 = 700$; $8 \cdot 81 +52 = 700$; $648 +52 = 700$; $700 = 700$

h)
$\frac{1}{3}\,x^2 -17{,}5 = 30{,}5 \quad | \cdot 3$
$x^2 -52{,}5 = 91{,}5 \quad | +52{,}5$
$x^2 = 144$
$\underline{\mathbf{x_1 = 12}} \quad \underline{\mathbf{x_2 = -12}}$

Proben:
$\mathbf{x_1}$ $\frac{1}{3} \cdot 12^2 -17{,}5 = 30{,}5$; $\frac{1}{3} \cdot 12^2 -17{,}5 = 30{,}5$; $\frac{1}{3} \cdot 144 -17{,}5 = 30{,}5$; $48{,}5 -17{,}5 = 30{,}5$; $30{,}5 = 30{,}5$
$\mathbf{x_2}$ $\frac{1}{3} \cdot (-12)^2 -17{,}5 = 30{,}5$; $\frac{1}{3} \cdot 144 -17{,}5 = 30{,}5$; $48{,}5 -17{,}5 = 30{,}5$; $30{,}5 = 30{,}5$

i)
$0{,}4\,x^2 +75 = 165 \quad | -75$
$0{,}4\,x^2 = 90 \quad | : 0{,}4$
$x^2 = 225$
$\underline{\mathbf{x_1 = 15}} \quad \underline{\mathbf{x_2 = -15}}$

Proben:
$\mathbf{x_1}$ $0{,}4 \cdot 15^2 +75 = 165$; $0{,}4 \cdot 225 +75 = 165$; $90 +75 = 165$; $165 = 165$
$\mathbf{x_2}$ $0{,}4 \cdot (-15)^2 +75 = 165$; $0{,}4 \cdot 225 +75 = 165$; $90 +75 = 165$; $165 = 165$

j)
$1{,}6\,x^2 -68{,}5 = 450 \quad | +68{,}4$
$1{,}6\,x = 518{,}4 \quad | : 1{,}6$
$x = 324$
$\underline{\mathbf{x_1 = 18}} \quad \underline{\mathbf{x_2 = -18}}$

Proben:
$\mathbf{x_1}$ $1{,}6 \cdot 18^2 -68{,}4 = 450$; $1{,}6 \cdot 324 -68{,}4 = 450$; $518{,}4 - 68{,}4 = 450$; $450 = 450$
$\mathbf{x_2}$ $1{,}6 \cdot (-18)^2 -68{,}4 = 450$; $1{,}6 \cdot 324 -68{,}4 = 450$; $518{,}4 -68{,}4 = 450$; $450 = 450$

3 Quadratische Gleichungen – Methoden (Überblick)

Normalform:
$x^2 + px + q = 0$

Es gilt:
x^2 = das quadratische Glied
px = das lineare Glied
q = das absolute Glied

3 Methoden:

a) Ausrechnung mit quadratischer Ergänzung
b) Ausrechnung mit der pq-Formel

Beispielaufgabe:
$x^2 + 6x - 40 = 0$

a) Ausrechnung mit der **quadratischen Ergänzung**:

$x^2 + 6x - 40 = 0$ | +40
$x^2 + 6x = 40$ | quadratische Ergänzung
$x^2 + 6x + 9 = 40 + 9$
$x^2 + 6x + 9 = 49$ | 1. binomische Formel anwenden
$(x + 3)^2 = 49$ | $\sqrt{\ }$
$x + 3 = \pm 7$ | -3
$\mathbf{x_1 = 4}$
$\mathbf{x_2 = -10}$

b) Ausrechnung mit der **pq-Formel**:

$x_1 = -\frac{p}{2} + \sqrt{\left(\frac{p}{2}\right)^2 - q}$
$x_1 = -\frac{6}{2} + \sqrt{\left(\frac{6}{2}\right)^2 - (-40)}$
$x_1 = -3 + \sqrt{3 \cdot 3 + 40}$
$x_1 = -3 + \sqrt{49}$
$x_1 = -3 + 7$
$\mathbf{x_1 = 4}$

$x_2 = -\frac{p}{2} - \sqrt{\left(\frac{p}{2}\right)^2 - q}$
$x_2 = -\frac{6}{2} - \sqrt{\left(\frac{6}{2}\right)^2 - (-40)}$
$x_2 = -3 - \sqrt{3 \cdot 3 + 40}$
$x_2 = -3 - \sqrt{49}$
$x_2 = -3 - 7$
$\mathbf{x_2 = -10}$

c) Satz vom **Nullprodukt**:

Es gilt:
Das x ausklammern führt zu
$x \cdot (x+p) = 0$

$0 = x^2 - 4x$
$0 = x\,(x - 4)$ => $\mathbf{x_1 = 0}$
$0 = x - 4$ | +4
$\mathbf{x_2 = 4}$

Beispielaufgabe:
$x^2 - 4x = 0$

KOHL VERLAG Quadratische Funktionen und Gleichungen - Bestell-Nr. 12 105

3 Quadratische Gleichungen – Methoden (Überblick)

Allgemeines Vorgehen bei der Lösung von gemischtquadratischen Gleichungen mit einer Unbekannten:

1. Schritt: Isolierung der x-Glieder (x^2 ; x) auf der linken Seite der Gleichung, d.h. das Absolutglied wird auf die rechte Seite gebracht.

2. Schritt: Veränderungen der linken Seite der Gleichung auf die Form $a^2 + 2ab + b^2$ bzw. $a^2 - 2ab + b^2$ durch die Bildung der quadratischen Ergänzung.

Um die quadratische Ergänzung zu bilden, muss der Faktor vor x^2 stets 1 betragen. Die quadratische Ergänzung wird gebildet, indem der halbe Faktor vor x quadriert wird.

3. Schritt: Umformung der linken Seite der Gleichung gemäß der 1. binomischen Formel oder 2. binomischen Formel:

$a^2 + 2ab + b^2 \Rightarrow (a + b)^2$

$a^2 - 2ab + b^2 \Rightarrow (a - b)^2$

4. Schritt: Ziehen der Quadratwurzel auf beiden Seiten der Gleichung; anschließend Isolierung des x-Gliedes auf der linken Seite der Gleichung.

5. Schritt: Durchführung der Probe(n).

3 Quadratische Gleichungen – Methoden (Überblick)

Aufgabe: *Löse die folgende Aufgabe mit der quadratischen Ergänzung und mit der pq-Formel.*

$$x^2 + 8x - 84 = 0$$

Mache schließlich auch die Proben, ob die Gleichung mit deinen Ergebnissen auch wirklich stimmt.

Ausrechnung mit quadratischer Ergänzung:

Ausrechnung mit der pq-Formel:

3 Quadratische Gleichungen – Methoden (Überblick)

Lösungen

Aufgabe: *Löse die folgende Aufgabe mit der quadratischen Ergänzung und mit der pq-Formel.*

$$x^2 + 8x - 84 = 0$$

Mache schließlich auch die Proben, ob die Gleichungen mit deinen Ergebnissen auch wirklich stimmt.

Ausrechnung mit quadratischer Ergänzung:

$x^2 + 8x - 84 = 0$ | +84
$x^2 + 8x = 84$ | quadratische Ergänzung
$x^2 + 8x + 16 = 84 + 16$ | 1. bin. Formel
$(x + 4)^2 = 100$ | √
$x + 4 = \pm 10$ | -4
$\mathbf{x_1 = 6}$
$\mathbf{x_2 = -14}$

Ausrechnung mit der pq-Formel:

$x_1 = -\frac{p}{2} + \sqrt{\left(\frac{p}{2}\right)^2 - q}$

$x_1 = -\frac{8}{2} + \sqrt{\left(\frac{8}{2}\right)^2 - (-84)}$

$x_1 = -4 + \sqrt{4^2 + 84}$

$x_1 = -4 + \sqrt{100}$

$x_1 = -4 + 10$

$\mathbf{x_1 = 6}$

$x_2 = -\frac{8}{2} - \sqrt{\left(\frac{8}{2}\right)^2 - (-84)}$

$x_2 = -4 - \sqrt{4^2 + 84}$

$x_2 = -4 - 10$

$\mathbf{x_2 = -14}$

Proben:

I $6^2 + 8 \cdot 6 - 84 = 0$
$36 + 48 - 48 = 0$
$84 - 84 = 0$

II $(-14)^2 + 8 \cdot (-14) - 84 = 0$
$196 - 112 - 84 = 0$
$196 - 196 = 0$
$0 = 0$

3 Quadratische Gleichungen – Methoden (pq-Formel)

Zur Erinnerung:
Die pq-Formel lässt sich anwenden bei gemischtquadratischen Gleichungen, die die Form haben:

$$x^2 + px + q = 0$$

Dazu lautet die pq-Formel:

$$x_1 = -\frac{p}{2} + \sqrt{\left(\frac{p}{2}\right)^2 - q} \qquad x_2 = -\frac{p}{2} - \sqrt{\left(\frac{p}{2}\right)^2 - q}$$

Aufgabe: *Berechne die x-Werte der beiden gemischtquadratischen Gleichungen mit Hilfe der pq-Formel.*

a) $x^2 +3x -54 = 0$ daraus folgt: p = und q =

b) $x^2 -5x -36 = 0$ daraus folgt: p = und q =

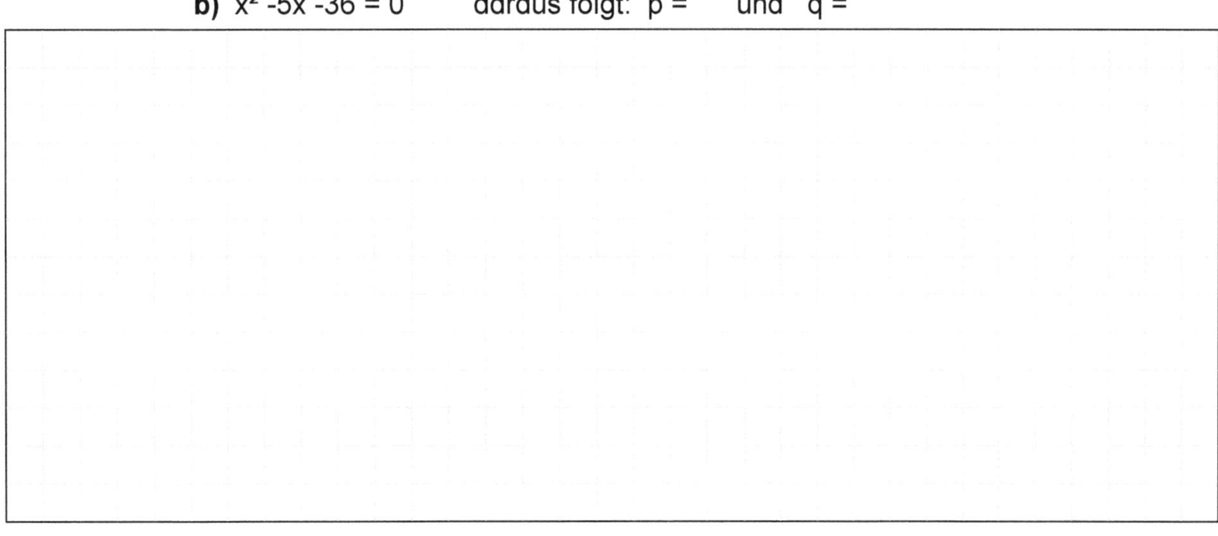

Quadratische Funktionen und Gleichungen - Bestell-Nr. 12 105

3 Quadratische Gleichungen – Methoden (pq-Formel)

Lösungen

Zur Erinnerung:
Die pq-Formel lässt sich anwenden bei gemischtquadratischen Gleichungen, die die Form haben:

$$\mathbf{x^2 + px + q = 0}$$

Dazu lautet die pq-Formel:

$$x_1 = -\frac{p}{2} + \sqrt{\left(\frac{p}{2}\right)^2 - q} \qquad x_2 = -\frac{p}{2} - \sqrt{\left(\frac{p}{2}\right)^2 - q}$$

Aufgabe: *Berechne die x-Werte der beiden gemischtquadratischen Gleichungen mit Hilfe der pq-Formel.*

a) $x^2 +3x -54 = 0$ daraus folgt: $p = +3$ und $q = -54$

$x_1 = -\frac{3}{2} + \sqrt{\left(\frac{3}{2}\right)^2 - (-54)}$

$x_1 = -1{,}5 + \sqrt{1{,}5^2 +54}$

$x_1 = -1{,}5 + \sqrt{2{,}25 +54}$

$x_1 = -1{,}5 + \sqrt{56{,}25}$

$x_1 = -1{,}5 + 7{,}5$

$\underline{\mathbf{x_1 = 6}}$

$x_2 = -\frac{3}{2} - \sqrt{\left(\frac{3}{2}\right)^2 - (-54)}$

$x_1 = -1{,}5 - \sqrt{1{,}5^2 +54}$

$x_1 = -1{,}5 - \sqrt{2{,}25 +54}$

$x_1 = -1{,}5 - \sqrt{56{,}25}$

$x_1 = -1{,}5 - 7{,}5$

$\underline{\mathbf{x_1 = -9}}$

Proben:

$\mathbf{x_1}$ $6^2 +3 \cdot 6 -54 = 0$
$36 +18 -54 = 0$
$0 = 0$

$\mathbf{x_2}$ $(-9)^2 +3 \cdot (-9) -54 = 0$
$81 -27 -54 = 0$
$0 = 0$

b) $x^2 -5x -36 = 0$ daraus folgt: $p = -5$ und $q = -36$

$x_1 = -\left(\frac{-5}{2}\right) + \sqrt{\left(\frac{-5}{2}\right)^2 - (-36)}$

$x_1 = 2{,}5 + \sqrt{2{,}5^2 +36}$

$x_1 = 2{,}5 + \sqrt{6{,}25 +36}$

$x_1 = 2{,}5 + \sqrt{42{,}25}$

$x_1 = 2{,}5 + 6{,}5$

$\underline{\mathbf{x_1 = 9}}$

$x_2 = -\left(\frac{-5}{2}\right) - \sqrt{\left(\frac{-5}{2}\right)^2 - (-36)}$

$x_2 = 2{,}5 - \sqrt{2{,}5^2 +36}$

$x_2 = 2{,}5 - \sqrt{6{,}25 +36}$

$x_2 = 2{,}5 - \sqrt{42{,}25}$

$x_2 = 2{,}5 - 6{,}5$

$\underline{\mathbf{x_2 = -4}}$

Proben:

$\mathbf{x_1}$ $9^2 - 5 \cdot 9 -36 = 0$
$81 -45 -36 = 0$
$0 = 0$

$\mathbf{x_2}$ $(-4)^2 -5 \cdot (-4) -36 = 0$
$16 +20 -36 = 0$
$0 = 0$

3 Quadratische Gleichungen – Methoden (Gleichungen mit nur einer Lösung)

Es gibt quadratische Gleichungen, die nicht zwei, sondern nur eine Lösung haben.

Nur 1 Lösung ergibt sich, wenn das Quadrat der Hälfte des Faktors (= p) vor dem linearen Glied x minus dem absoluten Glied (= q) als Resultat Null erbringt.

Als Gleichung ausgedrückt heißt dies: $(\frac{p}{2})^2 - q = 0$

Beispiel:

$x^2 + 6x + 9 = 0$	$\mid -9$
$x^2 + 6x = -9$	$\mid$ quadratische Ergänzung
$x^2 + 6x + 9 = 9 - 9$	$\mid$ 1. binomische Formel
$(x + 3)^2 = 0$	$\mid \sqrt{}$
$x + 3 = 0$	$\mid -3$
$\underline{\mathbf{x = -3}}$	

Probe:

$(-3)^2 + 6 \cdot (-3) + 9 = 0$
$9 - 18 + 9 = 0$
$0 = 0$

Aufgabe: *Berechne den jeweiligen x-Wert der zwei Gleichungen. Überprüfe die Richtigkeit des berechneten x-Wertes durch eine Probe.*

a) $x^2 + 8x + 16 = 0$ daraus folgt: p = und q =

b) $x^2 - 14x + 49 = 0$ daraus folgt: p = und q =

KOHL VERLAG Quadratische Funktionen und Gleichungen - Bestell-Nr. 12 105

3 Quadratische Gleichungen – Methoden (Gleichungen mit nur einer Lösung)

Lösungen

Es gibt quadratische Gleichungen, die nicht zwei, sondern nur eine Lösung haben.

Nur 1 Lösung ergibt sich, wenn das Quadrat der Hälfte des Faktors (= p) vor dem linearen Glied x minus dem absoluten Glied (= q) als Resultat Null erbringt.

Als Gleichung ausgedrückt heißt dies: $(\frac{p}{2})^2 - q = 0$

Beispiel:

$x^2 +6x +9 = 0$	| -9
$x^2 +6x = -9$	| quadratische Ergänzung
$x^2 +6x +9 = 9 -9$	| 1. binomische Formel
$(x +3)^2 = 0$	| $\sqrt{}$
$x +3 = 0$	| -3
$x = -3$	

Probe:

$(-3)^2 +6 \cdot (-3) +9 = 0$
$9 -18 +9 = 0$
$0 = 0$

Aufgabe: *Berechne den jeweiligen x-Wert der zwei Gleichungen. Überprüfe die Richtigkeit des berechneten x-Wertes durch eine Probe.*

a) $x^2 +8x +16 = 0$ daraus folgt: $p = +8$ und $q = +16$

$x^2 +8x +16 = 0$	| -16
$x^2 +8x = -16$	| quadratische Ergänzung
$x^2 +8x +16 = 16 -16$	|1. binomische Formel
$(x +4)^2 = 0$	| $\sqrt{}$
$x +4 = 0$	| -4
$x = -4$	

Probe:

$(-4)^2 +8 \cdot (-4) +16 = 0$
$16 -32 +16 = 0$
$0 = 0$

b) $x^2 -14x +49 = 0$ daraus folgt: $p = -15$ und $q = +49$

$x^2 -14x +49 = 0$	| -49
$x^2 -14x = - 49$	| quadratische Ergänzung
$x^2 -14x +49 = 49 - 49$	| 2. binomische Formel
$(x -7)^2 = 0$	| $\sqrt{}$
$x -7 = 0$	| +7
$x = 7$	

Probe:

$7^2 -14 \cdot 7 +49 = 0$
$49 -98 +49 = 0$
$0 = 0$

3 Quadratische Gleichungen – Methoden (Satz von Viëta)

Der französische Rechtsanwalt und Mathematiker F. Viëta (= Viète; 1540-1603) erkannte die Beziehung zwischen gemischtquadratischen Gleichungen in der Form $\mathbf{x^2 + px + q = 0}$ und ihren Lösungen.

Die Erkenntnisse gingen in die Mathematik ein als ***Satz von Viëta***. Zum besseren Verständnis empfiehlt es sich, aus diesem Satz zwei Sätze zu machen:

Sofern eine gemischtquadratische Gleichung in der Form x² px +q = 0 gegeben ist,

1. ...entspricht die Summe der Lösungen x_1 und x_2 dem negativen Wert der Zahl unmittelbar vor x (= negativer Wert von p).

Als Gleichung ausgedrückt heißt dies: $\mathbf{x_1 + x_2 = -p}$

2. ...entspricht das Produkt der Lösungen x_1 und x_2 dem absoluten Glied (= q) der Gleichung.

Als Gleichung ergibt sich: $\mathbf{x_1 \cdot x_2 = q}$

Der Satz von Viëta ist zum einen verwendbar als Proben (= Lösungskontrollen):

<u>Beispiel</u>:

$x^2 + 9x - 52 = 0$ | +52
$x^2 + 9x = 52$ | quadratische Ergänzung
$x^2 + 9x + 20{,}25 = 52 + 20{,}25$ | 1. bin. Formel
$(x + 4{,}5)^2 = 72{,}25$ | $\sqrt{}$
$x + 4{,}5 = \pm 8{,}5$ | -4,5
$\underline{\mathbf{x_1 = 4}}$
$\underline{\mathbf{x_2 = -13}}$

<u>Proben</u>:

$x_1 + x_2 = -p$
$4 + (-13) = -9$
$4 - 13 = -9$
$-9 = -9$ ✓

$x_1 \cdot x_2 = q$
$4 \cdot (-13) = -52$
$-52 = -52$ ✓

Im Weiteren eignet sich der Satz von Viëta dafür, zu zwei gegebenen Lösungen die zugehörige gemischtquadratische Gleichung in der Form $x^2 + px + q = 0$ zu bestimmen:

<u>Beispiel</u>:

$x_1 = 1$; $x_2 = -12$
$-p = x_1 + x_2$
$-p = 1 + (-12)$
$-p = 1 - 12$
$-p = -11$ | · (-1)
$p = 11$

$q = x_1 \cdot x_2$
$q = 1 \cdot (-12)$
$q = -12$

Somit heißt die Gleichung: $\mathbf{x^2 + 11x - 12 = 0}$

Die Proben bestätigen die Richtigkeit.

<u>Tipp</u>: *Der Satz von Viëta bietet die Möglichkeit, aus dem Schaubild einer Parabel mit ablesbaren Nullstellen die Funktionsgleichung zu bestimmen.*

3 Quadratische Gleichungen – Methoden (Satz von Viëta)

Aufgabe: *Berechne die x-Werte der Gleichung $x^2 + 13x - 140 = 0$.*
Mache die Proben mit Hilfe des Satzes von Viëta.

Aufgabe:
Gegeben ist das Schaubild einer nach oben geöffneten Normalparabel p_1 der Form $y = x^2 + px + q$.

a) Bestimme die Funktionsgleichung der Parabel mit Hilfe des Satzes von Viëta. Überprüfe die Richtigkeit der Gleichung durch Proben.

b) Überlege, wie du den Scheitelpunkt mit Hilfe der Nullstellen bestimmen kannst.

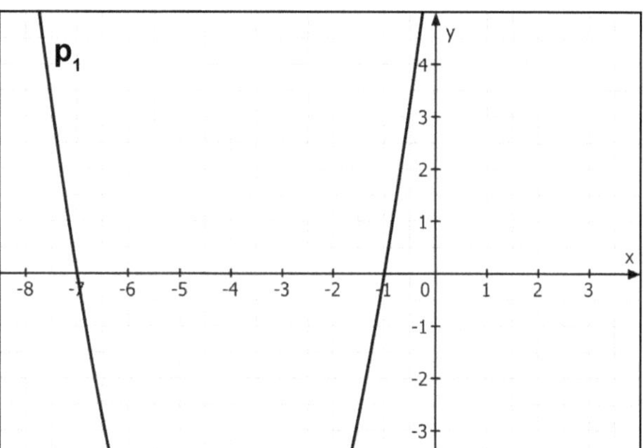

3 Quadratische Gleichungen – Methoden (Satz von Viëta)

Lösungen

Aufgabe: *Berechne die x-Werte der Gleichung $x^2 +13x -140 = 0$. Mache die Proben mit Hilfe des Satzes von Viëta.*

$x^2 +13x -140 = 0$ | +140
$x^2 +13x = 140$ | quadratische Ergänzung
$x^2 +13x +42,25 = 182,25$ | 1. binomische Formel
$(x +6,5)^2 = 182,25$ | $\sqrt{}$
$x +6,5 = \pm 13,5$ | -6,5

$\mathbf{x_1 = 7}$

$\mathbf{x_2 = -20}$

Proben mit Hilfe des Satzes von Viëta:

$x_1 + x_2 = -p$
$7 + (-20) = -13$
$7 -20 = -13$
$-13 = -13$

$x_1 \cdot x_2 = q$
$7 \cdot (-20) = -140$
$-140 = -140$

Aufgabe:
Gegeben ist das Schaubild einer nach oben geöffneten Normalparabel p_1 der Form $y = x^2 +px + q$.

a) Bestimme die Funktionsgleichung der Parabel mit Hilfe des Satzes von Viëta. Überprüfe die Richtigkeit der Gleichung durch Proben.

b) Überlege, wie du den Scheitelpunkt mit Hilfe der Nullstellen bestimmen kannst.

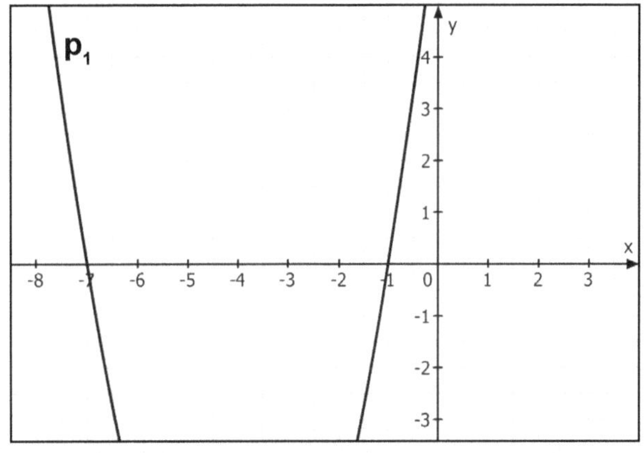

a) Aus dem Schaubild abgelesen: $x_1 = -7$ und $x_2 = -1$

$-p = x_1 + x_2$
$-p = (-7) + (-1)$
$-p = (-8)$ | $\cdot (-1)$
$p = 8$

$q = x_1 \cdot x_2$
$q = (-7) \cdot (-1)$
$q = 7$

Folglich lautet die Gleichung: $\mathbf{x^2 +8x +7 = 0}$

Proben:

$\mathbf{x_1}$ $(-7)^2 +8 \cdot (-7) +7 = 0$
$49 -56 +7 = 0$
$-7 +7 = 0$
$0 = 0$

$\mathbf{x_2}$ $(-1)^2 +8 \cdot (-1) +7 = 0$
$1 - 8 +7 = 0$
$-7+7 = 0$
$0 = 0$

b) Aufgrund der Symmetrie muss die x-Koordinate des Scheitels in der Mitte zwischen den Nullstellen liegen, in diesem Fall bei x = (-4). Den Wert eingesetzt in die Funktionsgleichung $y = (-4)^2 + 8 \cdot (-4) +7$ ergibt eine y-Koordinate von (-9). Der Scheitelpunkt liegt also bei S (-4/-9).

KOHL VERLAG Quadratische Funktionen und Gleichungen - Bestell-Nr. 12 105

3 Quadratische Gleichungen – Methoden (abc-Formel)

Ist eine gemischtquadratische Gleichung in der Form $ax^2 + bx + c = 0$ gegeben, lässt sich auch die abc-Formel anwenden:

Die abc-Formel für x_1: $x_1 = \frac{-b + \sqrt{b^2 - 4ac}}{2a}$ Die abc-Formel für x_2: $x_2 = \frac{-b - \sqrt{b^2 - 4ac}}{2a}$

Hinweise: a = Faktor vor x^2
b = Faktor vor x
c = absolutes Glied

Beispiel für die Anwendung der abc-Formel bei der gemischtquadratischen Gleichung:

$3x^2 + 2x - 33 = 0$

$x_1 = \frac{-2 + \sqrt{2^2 - 4\,[3 \cdot (-33)]}}{2 \cdot 3}$ $x_2 = \frac{-2 - \sqrt{2^2 - 4\,[3 \cdot (-33)]}}{2 \cdot 3}$

$x_1 = \frac{-2 + \sqrt{4 - 4 \cdot (-99)}}{6}$ $x_2 = \frac{-2 - \sqrt{4 - 4 \cdot (-99)}}{6}$

$x_1 = \frac{-2 + \sqrt{4 + 396}}{6}$ $x_2 = \frac{-2 - \sqrt{4 + 396}}{6}$

$x_1 = \frac{-2 + \sqrt{400}}{6}$ $x_2 = \frac{-2 - \sqrt{400}}{6}$

$x_1 = \frac{-2 + 20}{6}$ $x_2 = \frac{-2 - 20}{6}$

$x_1 = \frac{18}{6}$ $x_2 = -\frac{22}{6}$

$\underline{\mathbf{x_1 = 3}}$ $\underline{\mathbf{x_2 = -3\tfrac{3}{2} = -\tfrac{11}{3}}}$

Anmerkung: Bei der Anwendung der abc-Formel besteht die sehr große Gefahr, Vorzeichen-Fehler zu begehen.

Proben: $\mathbf{x_1}$

$3 \cdot 3^2 + 2 \cdot 3 - 33 = 0$
$27 + 6 - 33 = 0$
$33 - 33 = 0$

$\mathbf{x_2}$

$3 \cdot (-\frac{11}{3})^2 + 2 \cdot (-\frac{11}{3}) - 33 = 0$
$3 \cdot \frac{121}{9} - \frac{22}{3} - 33 = 0$
$\frac{121}{3} - \frac{22}{3} - 33 = 0$
$\frac{99}{3} - 33 = 0$
$33 - 33 = 0$
$0 = 0$

3 Quadratische Gleichungen – Methoden (abc-Formel)

Aufgabe: *Wende die abc-Formel bei den folgenden zwei gemischtquadratischen Gleichungen an und mache zudem die Proben.*

a) $4x^2 + 3x - 22 = 0$ **b)** $5x^2 - 2x - 115 = 0$

3 Quadratische Gleichungen – Methoden (abc-Formel)

Lösungen

Aufgabe: *Wende die abc-Formel bei den folgenden zwei gemischtquadratischen Gleichungen an und mache zudem die Proben.*

a) $4x^2 + 3x - 22 = 0$ **b)** $5x^2 - 2x - 115 = 0$

a)

$x_1 = \frac{-b + \sqrt{b^2 - 4ac}}{2a}$ $x_2 = \frac{-b - \sqrt{b^2 - 4ac}}{2a}$

$x_1 = \frac{-3 + \sqrt{3^2 - 4 \cdot [4 \cdot (-22)]}}{2 \cdot 4}$ $x_2 = \frac{-3 - \sqrt{3^2 - 4 \cdot [4 \cdot (-22)]}}{2 \cdot 4}$

$x_1 = \frac{-3 + \sqrt{9 - 4 \cdot (-88)}}{8}$ $x_2 = \frac{-3 - \sqrt{9 - 4 \cdot (-88)}}{8}$

$x_1 = \frac{-3 + \sqrt{9 + 352}}{8}$ $x_2 = \frac{-3 - \sqrt{9 + 352}}{8}$

$x_1 = \frac{-3 + \sqrt{361}}{8}$ $x_2 = \frac{-3 - \sqrt{361}}{8}$

$x_1 = \frac{-3 + 19}{8}$ $x_2 = \frac{-3 + 19}{8}$

$x_1 = \frac{16}{8}$ $\mathbf{x_1 = 2}$ $x_2 = -\frac{22}{8}$ $\mathbf{x_2 = -2\frac{6}{8} = -2\frac{3}{4} = -\frac{11}{4}}$

Proben:

x_1
$4 \cdot 2 + 3 \cdot 2 - 22 = 0$
$4 \cdot 4 + 6 - 22 = 0$
$16 + 6 - 22 = 0$
$22 - 22 = 0$

x_2
$4 \cdot (-\frac{11}{4})^2 + 3 \cdot (-\frac{11}{4}) - 22 = 0$
$4 \cdot \frac{121}{16} - \frac{33}{4} - 22 = 0$
$\frac{121}{4} - \frac{33}{4} - 22 = 0$
$\frac{88}{4} - 22 = 0$
$22 - 22 = 0$

b)

$x_1 = \frac{-b + \sqrt{b^2 - 4ac}}{2a}$ $x_2 = \frac{-b + \sqrt{b^2 - 4ac}}{2a}$

$x_1 = \frac{-(-2) + \sqrt{(-2)^2 - 4 \cdot [5 \cdot (-115)]}}{2 \cdot 5}$ $x_2 = \frac{-(-2) - \sqrt{(-2)^2 - 4 \cdot [5 \cdot (-115)]}}{2 \cdot 5}$

$x_1 = \frac{2 + \sqrt{4 - 4 \cdot (-575)}}{10}$ $x_2 = \frac{2 - \sqrt{4 - 4 \cdot (-575)}}{10}$

$x_1 = \frac{2 + \sqrt{4 + 2300}}{10}$ $x_2 = \frac{2 - \sqrt{4 + 2300}}{10}$

$x_1 = \frac{2 + \sqrt{2304}}{10}$ $x_2 = \frac{2 - \sqrt{2304}}{10}$

$x_1 = \frac{2 + 48}{10}$ $x_2 = \frac{2 - 48}{10}$

$x_1 = \frac{50}{10}$ $\mathbf{x_1 = 5}$ $x_2 = -\frac{46}{10}$ $\mathbf{x_2 = -4\frac{6}{10} = -4\frac{3}{5} = -\frac{23}{5}}$

Proben:

x_1
$5 \cdot 5^2 - 2 \cdot 5 - 115 = 0$
$5 \cdot 25 - 10 - 115 = 0$
$125 - 10 - 115 = 0$
$115 - 115 = 0$

x_2
$5 \cdot (-\frac{23}{5})^2 - 2 \cdot (-\frac{23}{5}) - 115 = 0$
$5 \cdot \frac{529}{25} + \frac{46}{5} - 115 = 0$
$\frac{529}{5} + \frac{46}{5} - 115 = 0$
$\frac{575}{5} - 115 = 0$
$115 - 115 = 0$

3 Quadratische Gleichungen – Methoden (Satz vom Nullprodukt)

Manche quadratische Funktionen lassen sich auch mit Hilfe des Satzes vom Nullprodukt lösen. Dieser Satz besagt:

Ein Produkt ist (genau) Null, wenn einer der Faktoren Null ist.

Wir wissen: Alles, was mit Null multipliziert wird, ergibt Null.
Der Satz vom Nullprodukt lässt sich bei quadratischen Gleichungen anwenden, sofern auf der einen Seite der Gleichung nur eine Null steht und auf der anderen Seite lediglich ein Produkt vorhanden ist bzw. durch Umformung hergestellt werden kann.

Beispiel 1:

$x \cdot (x + 5) = 0$

Der 1. Faktor x kann nur Null (= 0) sein, damit die Gleichung stimmt.

$0 \cdot (x + 5) = 0$

$\underline{\mathbf{x = 0}}$

Der 2. Faktor x muss -5 sein, damit die Gleichung richtig ist:

$x + 5 = 0 \quad | -5$

$\underline{\mathbf{x = -5}}$

Somit: $x_1 = 0$; $x_2 = -5$

Beispiel 2:

$9x^2 - 81 = 0 \quad |$ durch Ausklammerung

$9 \cdot (x^2 - 9) = 0 \quad |$ Umwandlung in ein Produkt.

x^2 minus 9 muss also Null (0) sein:

$x^2 - 9 = 0 \quad | +9$

$x^2 = 9 \quad | \sqrt{}$

$\underline{\mathbf{x_1 = 3}}$

$\underline{\mathbf{x_2 = -3}}$

Aufgabe: *Löse die Aufgaben mit Hilfe des Satzes vom Nullprodukt und führe die Proben durch.*

a) $x \cdot (x - 4) = 0$

b) $2x^2 + x = 0$

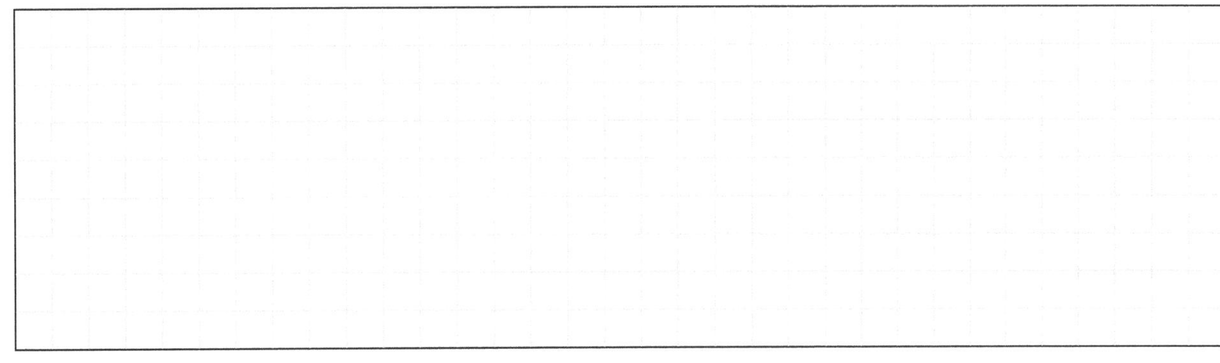

3 Quadratische Gleichungen – Methoden (Satz vom Nullprodukt)

Lösungen

Manche quadratische Funktionen lassen sich auch mit Hilfe des Satzes vom Nullprodukt lösen. Dieser Satz besagt:

Ein Produkt ist (genau) Null, wenn einer der Faktoren Null ist.

Wir wissen: Alles, was mit Null multipliziert wird, ergibt Null.
Der Satz vom Nullprodukt lässt sich bei quadratischen Gleichungen anwenden, sofern auf der einen Seite der Gleichung nur eine Null steht und auf der anderen Seite lediglich ein Produkt vorhanden ist bzw. durch Umformung hergestellt werden kann.

Beispiel 1:

$x \cdot (x + 5) = 0$

Der 1. Faktor x kann nur Null (= 0) sein, damit die Gleichung stimmt.

$0 \cdot (x + 5) = 0$

$\underline{\mathbf{x = 0}}$

Der 2. Faktor x muss -5 sein, damit die Gleichung richtig ist:

$x + 5 = 0 \quad | -5$

$\underline{\mathbf{x = -5}}$

Somit: $x_1 = 0$; $x_2 = -5$

Beispiel 2:

$9x^2 - 81 = 0 \quad$ | durch Ausklammerung

$9 \cdot (x^2 - 9) = 0 \quad$ | Umwandlung in ein Produkt

x^2 minus 9 muss also Null (0) sein:

$x^2 - 9 = 0 \quad | +9$

$x^2 = 9 \quad | \sqrt{}$

$\underline{\mathbf{x_1 = 3}}$

$\underline{\mathbf{x_2 = -3}}$

Aufgabe: *Löse die Aufgaben mit Hilfe des Satzes vom Nullprodukt und führe die Proben durch.*

a) $x \cdot (x - 4) = 0$

Der 1. Faktor x kann nur Null sein, damit die Gleichung stimmt: $0 \cdot (x - 4) = 0$

$\mathbf{x = 0}$

Der 2. Faktor x muss 4 sein, damit die Gleichung richtig ist:

$x - 4 = 0 \quad | +4$

$\underline{\mathbf{x = 4}}$

Somit: $x_1 = 0$; $x_2 = 4$

Proben:

x_1: $0 \cdot (0 - 4) = 0$
$0 = 0$

x_2: $4 \cdot (4 - 4) = 0$
$4 \cdot 0 = 0$
$0 = 0$

b) $2x^2 + x = 0$

$2x^2 + x = 0 \quad$ | durch Ausklammerung Umwandlung in ein Produkt.

$2x \cdot (x + 0{,}5) = 0$

1. Faktor 2x muss 0 sein; also: $\underline{\mathbf{x = 0}}$
2. Faktor: $x + 0{,}5 = 0 \quad | -0{,}5$

$\underline{\mathbf{x = -0{,}5}}$

somit: $x_1 = 0$; $x_2 = -0{,}5$

Proben:

x_1: $2 \cdot 0^2 + 0 = 0$
$0 = 0$

x_2: $2 \cdot (-0{,}5)^2 + (-0{,}5) = 0$
$2 \cdot 0{,}25 - 0{,}5 = 0$
$0 = 0$

4 Die Herleitung der pq-Formel und der abc-Formel

Die pq-Formel ergibt sich durch Umformung der gemischtquadratischen Gleichung:

$x^2 + px + q = 0$	$\mid -q$
$x^2 + px = -q$	$\mid$ quadratische Ergänzung
$x^2 + px + (\frac{p}{2})^2 = -q + (\frac{p}{2})^2$	$\mid$ 1. binomische Formel
$(x + \frac{p}{2})^2 = -q + (\frac{p}{2})^2$	$\mid \sqrt{}$
$x + \frac{p}{2} = \pm\sqrt{(\frac{p}{2})^2 - q}$	$\mid -\frac{p}{2}$

pq-Formel:

$$x_1 = -\frac{p}{2} + \sqrt{(\frac{p}{2})^2 - q}$$

$$x_2 = -\frac{p}{2} - \sqrt{(\frac{p}{2})^2 - q}$$

Auch die abc-Formel kommt durch Umformung zustande – und zwar aus der gemischtquadratischen Gleichung:

$ax^2 + bx + c = 0$	$\mid -c$
$ax^2 + bx = -c$	$\mid \cdot 4a$
$4a^2 x^2 + 4abx = -4ac$	$\mid$ quadratische Ergänzung $+ b^2$
$(2ax)^2 + 2 \cdot 2axb + b^2 = b^2 - 4ac$	$\mid$ 1. binomische Formel
$(2ax + b)^2 = b^2 - 4ac$	$\mid \sqrt{}$
$2ax + b = \pm\sqrt{b^2 - 4ac}$	$\mid -b$
$2ax = -b \pm \sqrt{b^2 - 4ac}$	$\mid : (2a)$

abc-Formel:

$$x_1 = \frac{-b + \sqrt{b^2 - 4ac}}{2a}$$

$$x_2 = \frac{-b - \sqrt{b^2 - 4ac}}{2a}$$

5 Quadratische Gleichungen (Teil 1)

Aufgabe: *Löse die folgenden quadratischen Gleichungen und führe jeweils die Proben durch.*

a) $x^2 + 2x - 3 = 0$

b) $x^2 + 4x - 12 = 0$

c) $x^2 + 6x + 5 = 0$

d) $x^2 + 10x - 56 = 0$

e) $x^2 + 7x - 120 = 0$

5 Quadratische Gleichungen (Teil 1)

Lösungen

Aufgabe: *Löse die folgenden quadratischen Gleichungen und führe jeweils die Proben durch.*

a).

$x^2 +2x -3 = 0$	| +3
$x^2 + 2x = 3$	| quadr. Ergänzung
$x^2 +2x +1 = 3 +1$	| 1. bin. Formel
$(x +1)^2 = 4$	| $\sqrt{}$
$x +1 = \pm 2$	| -1
$\mathbf{x_1 = 1}$	
$\mathbf{x_2 = -3}$	

Proben:

x_1: $1^2 +2 \cdot 1 -3 = 0$; $1 +2 -3 = 0$; $0 = 0$

x_2: $(-3) + 2 \cdot (-3) -3 = 0$; $9 -6 -3 = 0$; $0 = 0$

b)

$x^2 +4x -12 = 0$	| +12
$x^2 +4x = 12$	| quadr. Ergänzung
$x^2 +4x +4 = 12 +4$	| 1. bin. Formel
$(x +2)^2 = 16$	| $\sqrt{}$
$x +2 = \pm 4$	| -2
$\mathbf{x_1 = 2}$	
$\mathbf{x_2 = -6}$	

Proben:

x_1: $2^2 +4 \cdot 2 -12 = 0$; $4 +8 +12 = 0$; $0 = 0$

x_2: $(-6) +4 \cdot (-6) +12 = 0$; $36 -24 + 12 = 0$; $0 = 0$

c)

$x^2 +6x +5 = 0$	| -5
$x^2 +6x = -5$	| quadr. Ergänzung
$x^2 +6x +9 = -5 +9$	| 1. bin. Formel
$(x +3)^2 = 4$	| $\sqrt{}$
$x +3 = \pm 2$	| -3
$\mathbf{x_1 = -1}$	
$\mathbf{x_2 = -5}$	

Proben:

x_1: $(-1)^2 +6 \cdot (-1) +5 = 0$; $1 -6 +5 = 0$; $0 = 0$

x_2: $(-5)^2 +6 \cdot (-5) +5 = 0$; $25 -30 + 5 = 0$; $0 = 0$

d)

$x^2 +10x -56 = 0$	| +56
$x^2 +10x = 56$	| quadr. Ergänzung
$x^2 +10 +25 = 56 +25$	| 1. bin. Formel
$(x +5)^2 = 81$	| $\sqrt{}$
$x +5 = \pm 9$	| -5
$\mathbf{x_1 = 4}$	
$\mathbf{x_2 = -14}$	

Proben:

x_1: $4^2 +10 \cdot 4 -56 = 0$; $16 +40 -56 = 0$; $0 = 0$

x_2: $(-14)^2 +10 \cdot (-14) -56 = 0$; $196 -140 -56 = 0$; $0 = 0$

e)

$x^2 +7x -120 = 0$	| +120
$x^2 +7x = 120$	| quadr. Ergänzung
$x^2 +7x + 12{,}25 = 120+12{,}25$	| 1. bin. Formel
$(x+3{,}5)^2 = 132{,}25$	| $\sqrt{}$
$x + 3{,}5 = \pm 11{,}5$	| -3,5
$\mathbf{x_1 = 8}$	
$\mathbf{x_2 = -15}$	

Proben:

x_1: $8^2 +7 \cdot 8 -120 = 0$; $64 +56 -120 = 0$; $0 = 0$

x_2: $(-15)^2 +7 \cdot (-15) -120 = 0$; $225 -105 -120 = 0$; $0 = 0$

5 Quadratische Gleichungen (Teil 1)

Aufgabe: *Löse die folgenden quadratischen Gleichungen und führe jeweils die Proben durch.*

f) $x^2 - 8x + 12 = 0$

g) $x^2 - 12x + 27 = 0$

h) $x^2 - 16x - 80 = 0$

i) $x^2 - 18x - 175 = 0$

j) $x^2 - 21x - 270 = 0$

5 Quadratische Gleichungen (Teil 1)

Lösungen

Aufgabe: *Löse die folgenden quadratischen Gleichungen und führe jeweils die Proben durch.*

f)

$x^2 -8x +12 = 0$	$\mid -12$	Proben: x_1: $6^2 -8 \cdot 6 +12 = 0$
$x^2 -8x = -12$	$\mid$ quadr. Ergänzung	$36 -48 +12 = 0$
$x^2 -8x +16 = -12 +16$	$\mid$ 2. bin. Formel	$0 = 0$
$(x -4)^2 = 4$	$\mid \sqrt{}$	
$x -4 = \pm 2$	$\mid +4$	x_2: $2^2 -8 \cdot 2 +12 = 0$
$\underline{\mathbf{x_1 = 6}}$		$4 -16 +12 = 0$
$\underline{\mathbf{x_2 = 2}}$		$0 = 0$

g)

$x^2 -12x +27 = 0$	$\mid -27$	Proben: x_1: $9^2 -12 \cdot 9 +27 = 0$
$x^2 -12x = 27$	$\mid$ quadr. Ergänzung	$81 -108 +27 = 0$
$x^2 -12x +36 = -27 +36$	$\mid$ 2. bin. Formel	$0 = 0$
$(x -6)^2 = 9$	$\mid \sqrt{}$	
$x -6 = \pm 3$	$\mid +6$	x_2: $3^2 -12 \cdot 3 +27 = 0$
$\underline{\mathbf{x_1 = 9}}$		$9 -36 +27 = 0$
$\underline{\mathbf{x_2 = 3}}$		$0 = 0$

h)

$x^2 -16x -80 = 0$	$\mid +80$	Proben: x_1: $20^2 -16 \cdot 20 -80 = 0$
$x^2 -16x = 80$	$\mid$ quadr. Ergänzung	$400 -320 -80 = 0$
$x^2 -16x +64 = 80 +64$	$\mid$ 2. bin. Formel	$0 = 0$
$(x -8)^2 = 144$	$\mid \sqrt{}$	
$x -8 = \pm 12$	$\mid +8$	x_2: $(-4)^2 -16 \cdot (-4) -80 = 0$
$\underline{\mathbf{x_1 = 20}}$		$16 +64 -80 = 0$
$\underline{\mathbf{x_2 = -4}}$		$0 = 0$

i)

$x^2 -18x -175 = 0$	$\mid +175$	Proben: x_1: $25^2 -18 \cdot 25 -175 = 0$
$x^2 -18x = 175$	$\mid$ quadr. Ergänzung	$625 -450 -175 = 0$
$x^2 -18x +81 = 175 +81$	$\mid$ 2. bin. Formel	$0 = 0$
$(x -9)^2 = 256$	$\mid \sqrt{}$	
$x -9 = \pm 16$	$\mid +9$	x_2: $(-7)^2 -18 \cdot (-7) -175 = 0$
$\underline{\mathbf{x_1 = 25}}$		$49 +126 -175 = 0$
$\underline{\mathbf{x_2 = -7}}$		$0 = 0$

j)

$x^2 -21x -270 = 0$	$\mid +270$	Proben:
$x^2 -21x = 270$	$\mid$ quadr. Ergänzung	x_1: $30^2 -21 \cdot 30 -270 = 0$
$x^2 -21x +110{,}25 = 270+110{,}25$	$\mid$ 2. bin. Formel	$900 -630 -270 = 0$
$(x -10{,}5)^2 = 380{,}25$	$\mid \sqrt{}$	$0 = 0$
$x -10{,}5 = \pm 19{,}5$	$\mid +10{,}5$	
$\mathbf{x_1 = 30}$		x_2: $(-9)^2 -21 \cdot (-9) -270 = 0$
$\mathbf{x_2 = -9}$		$81 +189 -270 = 0$
		$0 = 0$

5 Quadratische Gleichungen (Teil 1)

Aufgabe: *Löse die folgenden quadratischen Gleichungen und führe jeweils die Proben durch.*

k) $2x^2 - 20x - 150 = 0$

l) $3x^2 + 15x + 18 = 0$

m) $4x^2 + 2x - 42 = 0$

5 Quadratische Gleichungen (Teil 1)

Lösungen

Aufgabe: *Löse die folgenden quadratischen Gleichungen und führe jeweils die Proben durch.*

k) $2x^2 -20x -150 = 0$ | +150
$2x^2 -20x = 150$ | : 2
$x^2 -10x = 75$ | quadr. Ergänzung
$x^2 -10x +25 = 75 +25$ | 2. bin. Formel
$(x -5)^2 = 100$ | $\sqrt{}$
$x -5 = \pm 10$ | +5

$\underline{\mathbf{x_1 = 15}}$

$\underline{\mathbf{x_2 = -5}}$

Proben: x_1
$2 \cdot 15^2 - 20 \cdot 15 - 150 = 0$
$2 \cdot 225 - 300 - 150 = 0$
$450 - 300 -150 = 0$
$0 = 0$

x_2
$2 \cdot (-5)^2 -20 \cdot (-5) - 150 = 0$
$2 \cdot 25 + 100 -150 = 0$
$50 + 100 - 150 = 0$
$0 = 0$

---

l) $3x^2 +15x +18 = 0$ | -18
$3x^2 +15x = -18$ | : 3
$x^2 +5x = -6$ | quadr. Ergänzung
$x^2 +5x +6,25 = -6 +6,25$ | 1. bin. Formel
$(x +2,5)^2 = 0,25$ | $\sqrt{}$
$x +2,5 = \pm 0,5$ | -2,5

$\underline{\mathbf{x_1 = -2}}$

$\underline{\mathbf{x_2 = -3}}$

Proben: x_1
$3 \cdot (-2)^2 +15 \cdot (-2) +18 = 0$
$3 \cdot 4 -30 +18 = 0$
$12 -30 +18 = 0$
$30 -30 = 0$
$0 = 0$

x_2
$3 \cdot (-3)^2 +15 \cdot (-3) +18 = 0$
$3 \cdot 9 -45 +18 = 0$
$27 -45 +18 = 0$
$0 = 0$

---

m) $4x^2 +2x -42 = 0$ | +42
$4x^2 +2x = 42$ | : 4
$x^2 +0,5x = 10,5$ | quadr. Ergänzung
$x^2 +0,5x +0,0625 = 10,5 +0,0625$ | 1. bin. Formel
$(x +0,25)^2 = 10,5625$ | $\sqrt{}$
$x +0,25 = \pm 3,25$ | -0,25

$\underline{\mathbf{x_1 = 3}}$

$\underline{\mathbf{x_2 = -3,5}}$

Proben: x_1
$4 \cdot 3^2 + 2 \cdot 3 -42 = 0$
$4 \cdot 9 + 6 -42 = 0$
$36 +6 -42 = 0$
$42 -42 = 0$
$0 = 0$

x_2
$4 \cdot (-3,5)^2 +2 \cdot (-3,5) -42 = 0$
$4 \cdot 12,25 -7 -42 = 0$
$49 -7 -42 = 0$
$0 = 0$

Quadratische Funktionen und Gleichungen - Bestell-Nr. 12 105

5 Quadratische Gleichungen (Teil 1)

Aufgabe: *Löse die folgenden quadratischen Gleichungen und führe jeweils die Proben durch.*

n) $\frac{1}{4}x^2 + 8x = 57$

o) $\frac{3}{2}x^2 = 54x - 336$

p) $\frac{2}{5}x^2 + 240 = 20x$

5 Quadratische Gleichungen (Teil 1)

Lösungen

Aufgabe: *Löse die folgenden quadratischen Gleichungen und führe jeweils die Proben durch.*

n) $\frac{1}{4} x^2 + 8x = 57$ | $\cdot 4$

$x^2 + 32x = 228$ | quadr. Ergänzung

$x^2 + 32x + 256 = 228 + 256$ | 1. bin. Formel

$(x + 16)^2 = 484$ | $\sqrt{}$

$x + 16 = \pm 22$ | -16

$\mathbf{x_1 = 6}$

$\mathbf{x_2 = -38}$

Proben: $\mathbf{x_1}$

$\frac{1}{4} \cdot 6^2 + 8 \cdot 6 = 57$

$\frac{1}{4} \cdot 36 + 48 = 57$

$9 + 48 = 57$

$57 = 57$

$\mathbf{x_2}$

$\frac{1}{4} \cdot (-38)^2 + 8 \cdot (-38) = 57$

$\frac{1}{4} \cdot 1444 - 304 = 57$

$361 - 304 = 57$

$57 = 57$

---

o) $\frac{3}{2} x^2 = 54x - 336$ | Umwandlung

$1{,}5\, x^2 = 59x - 336$ | $: 1{,}5$

$x^2 = 36x - 224$ | $-36x$

$x^2 - 36x = -224$ | quadr. Ergänzung

$x^2 - 36x + 324 = 324 - 224$ | 2. bin. Formel

$(x - 18)^2 = 100$ | $\sqrt{}$

$x - 18 = \pm 10$ | $+18$

$\mathbf{x_1 = 28}$

$\mathbf{x_2 = 8}$

Proben: $\mathbf{x_1}$

$1{,}5 \cdot 28^2 = 54 \cdot 28 - 336$

$1{,}5 \cdot 784 = 1512 - 336$

$1176 = 1176$

$\mathbf{x_2}$

$1{,}5 \cdot 8^2 = 54 \cdot 8 - 336$

$1{,}5 \cdot 64 = 432 - 336$

$96 = 96$

---

p) $\frac{2}{5} x^2 + 240 = 20x$ | Umwandlung

$0{,}4\, x^2 + 240 = 20x$ | $: 0{,}4$

$x^2 + 600 = 50x$ | $-600 - 50x$

$x^2 - 50x = -600$ | quadr. Ergänzung

$x^2 - 50x + 625 = -600 + 625$ | 2. bin. Formel

$(x - 25)^2 = 25$ | $\sqrt{}$

$x - 25 = \pm 5$ | $+25$

$\mathbf{x_1 = 30}$

$\mathbf{x_2 = 20}$

Proben: $\mathbf{x_1}$

$0{,}4 \cdot 30^2 + 240 = 20 \cdot 30$

$0{,}4 \cdot 900 + 240 = 600$

$360 + 240 = 600$

$600 = 600$

$\mathbf{x_2}$

$0{,}4 \cdot 20^2 + 240 = 20 \cdot 20$

$0{,}4 \cdot 400 + 240 = 400$

$160 + 240 = 400$

$400 = 400$

KOHL VERLAG

6 Quadratische Gleichungen (Teil 2)

Aufgabe: *Löse diese Gleichungen und kontrolliere durch Proben, ob die Ergebnisse wirklich stimmen.*

a) $8x\,(x+1) - 28 = 4\,(x+3)$

b) $(x+2)^2 + 5x = 4\,(x-3)^2 - 2$

6 Quadratische Gleichungen (Teil 2)

Lösungen

Aufgabe: *Löse diese Gleichungen und kontrolliere durch Proben, ob die Ergebnisse wirklich stimmen.*

a) $8x\,(x+1) - 28 = 4\,(x+3)$ | Ausklammern
$8x^2 + 8x - 28 = 4x + 12$ | +28
$8x^2 + 8x = 4x + 40$ | -4x
$8x^2 + 4x = 40$ | : 8
$x^2 + 0{,}5x = 5$ | quadr. Ergänzung
$x^2 + 0{,}5x + 0{,}0625 = 5 + 0{,}0625$ | 1. bin. Formel
$(x + 0{,}25)^2 = 5{,}0625$ | $\sqrt{}$
$x + 0{,}25 = \pm 2{,}25$ | -0,25

$\underline{\mathbf{x_1 = 2}}$

$\underline{\mathbf{x_2 = -2{,}5}}$

Proben: x_1
$8 \cdot 2\,(2+1) - 28 = 4 \cdot (2+3)$
$16 \cdot 3 - 28 = 4 \cdot 5$
$48 - 28 = 20$
$20 = 20$

x_2
$8 \cdot (-2{,}5)\,(-2{,}5+1) - 28 = 4 \cdot (-2{,}5+3)$
$(-20) \cdot (-1{,}5) - 28 = 4 \cdot 0{,}5$
$30 - 28 = 2$
$2 = 2$

---

b) $(x+2)^2 + 5x = 4 \cdot (x-3)^2 - 2$ | Ausklammern
$(x+2) \cdot (x+2) + 5x = 4 \cdot (x-3) \cdot (x-3) - 2$
$x^2 + 2x + 2x + 4 + 5x = 4 \cdot (x^2 - 3x - 3x + 9) - 2$
$x^2 + 9x + 4 = 4 \cdot (x^2 - 6x + 9) - 2$
$x^2 + 9x + 4 = 4x^2 - 24x + 36 - 2$
| Verkürzung des Rechenvorganges durch 1. und 2. bin. Formel möglich
$x^2 + 9x + 4 = 4x^2 - 24x + 34$ | $-4x^2 + 24x - 4$
$-3x^2 + 33x = 30$ | : (-3)
$x^2 - 11x = 10$ | quadr. Ergänzung
$x^2 - 11x + 30{,}25 = -10 + 30{,}25$ | 2. bin. Formel
$(x - 5{,}5)^2 = 20{,}25$ | $\sqrt{}$
$x - 5{,}5 = \pm 4{,}5$ | +5,5

$\underline{\mathbf{x_1 = 10}}$

$\underline{\mathbf{x_2 = 1}}$

Proben: x_1
$(10+2)^2 + 5 \cdot 10 = 4 \cdot (10-3)^2 - 2$
$12^2 + 50 = 4 \cdot 7^2 - 2$
$144 + 50 = 4 \cdot 49 - 2$
$194 = 196 - 2$
$194 = 194$

x_2
$(1+2)^2 + 5 \cdot 1 = 4 \cdot (1-3)^2 - 2$
$3^2 + 5 = 4 \cdot (-2)^2 - 2$
$9 + 5 = 4 \cdot 4 - 2$
$14 = 16 - 2$
$14 = 14$

KOHL VERLAG Quadratische Funktionen und Gleichungen - Bestell-Nr. 12 105

6 Quadratische Gleichungen (Teil 2)

Aufgabe: *Löse diese Gleichungen und kontrolliere durch Proben, ob die Ergebnisse wirklich stimmen.*

c) $8(x-3)^2 - 2x(x+3) = 288$

d) $7x^2 + (2x-1)^2 = 77 + 16x - 2(8-x)^2$

6 Quadratische Gleichungen (Teil 2)

Lösungen

Aufgabe: *Löse diese Gleichungen und kontrolliere durch Proben, ob die Ergebnisse wirklich stimmen.*

c)

$8(x-3)^2 - 2x(x+3) = 288$	Ausklammern
$8 \cdot [(x-3) \cdot (x-3)] - 2x \cdot (x+3) = 288$	Verkürzung des Rechenvorganges durch 2. bin. Formel möglich
$8 \cdot [x^2 - 3x - 3x + 9] - 2x^2 - 6x = 288$	
$8 \cdot [x^2 - 6x + 9] - 2x^2 - 6x = 288$	
$8x^2 - 48x + 72 - 2x^2 - 6x = 288$	
$6x^2 - 54x + 72 = 288$	-72
$6x^2 - 54x = 216$	$:6$
$x^2 - 9x = 36$	quadr. Ergänzung
$x^2 - 9x + 20{,}25 = 36 + 20{,}25$	2. bin. Formel
$(x-4{,}5)^2 = 56{,}25$	$\sqrt{}$
$x - 4{,}5 = \pm 7{,}5$	$+4{,}5$

$x_1 = 12$

$x_2 = -3$

Proben: x_1

$8 \cdot (12-3)^2 - 2 \cdot 12 \cdot (12+3) = 288$

$8 \cdot 9^2 - 24 \cdot 15 = 288$

$8 \cdot 81 - 360 = 288$

$648 - 360 = 288$

$288 = 288$

x_2

$8 \cdot (-3-3)^2 - 2 \cdot (-3)\,[-3+3] = 288$

$8 \cdot (-6)^2 + 6 \cdot 0 = 288$

$8 \cdot 36 + 0 = 288$

$288 = 288$

---

d)

$7x^2 + (2x-1)^2 = 77 + 16x - 2(8-x)^2$	Ausklammern
$7x^2 + (2x-1)(2x-1) = 77 + 16x - 2 \cdot [(8-x) \cdot (8-x)]$	Verkürzung des Rechenvorganges durch 2. bin. Formel möglich
$7x^2 + 4x^2 - 2x - 2x + 1 = 77 + 16x - 2 \cdot [64 - 8x - 8x + x^2]$	
$11x^2 - 4x + 1 = 77 + 16x - 2 \cdot [64 - 16x + x^2]$	
$11x^2 - 4x + 1 = -2x^2 + 48x - 51$	$+2x^2 \; -48x -1$
$13x^2 - 52x = -52$	$:13$
$x^2 - 4x = -4$	quadr. Ergänzung
$x^2 - 4x + 4 = -4 + 4$	2. bin. Formel
$(x-2)^2 = 0$	$\sqrt{}$
$x - 2 = 0$	$+2$

$x = 2$

Probe:

$7 \cdot (2)^2 + (2 \cdot 2 - 1)^2 = 77 + 16 \cdot 2 - 2 \cdot (8-2)^2$

$7 \cdot 4 + (4-1)^2 = 77 + 32 - 2 \cdot 6^2$

$28 + 3^2 = 77 + 32 - 2 \cdot 36$

$28 + 9 = 109 - 72$

$37 = 37$

KOHL VERLAG Quadratische Funktionen und Gleichungen - Bestell-Nr. 12 105

7 Quadratische Gleichungen (Textaufgaben)

Beispiel:

Zwei unmittelbar hintereinanderfolgende natürliche Zahlen werden miteinander malgenommen. Das Ergebnis ist 132. Wie heißen die beiden hintereinanderfolgenden Zahlen?

Lösung:

$x \cdot (x+1) = 132$

$x^2 + x = 132$ | quadr. Ergänzung

$x^2 + x + (0{,}5)^2 = 132 + (0{,}5)^2$

$x^2 + x + 0{,}25 = 132 + 0{,}25$ | 1. binomische Formel

$(x + 0{,}5)^2 = 132{,}25$ | $\sqrt{}$

$x + 0{,}5 = \pm 11{,}5$ | -0,5

$\underline{\mathbf{x_1 = 11}}$

$\underline{\mathbf{x_2 = -12}}$

Die zweite gesuchte Zahl ist x +1, folglich 11 +1 = **12**.

(-11) • (-12) ergibt zwar auch 132, ebenfalls sind sie zwei hintereinanderfolgende Zahlen. Jedoch sind (-11) und (-12) keine *natürlichen Zahlen*. Als natürliche Zahlen gelten normalerweise nur die Zahlen 1, 2, 3, 4, 5 usw.

Antwortsatz:
Die beiden gesuchten Zahlen heißen 11 und 12.

Aufgabe 1: *Das Produkt zweier direkt hintereinanderfolgender natürlicher Zahlen ist 552. Berechne die gesuchten Zahlen.*

Antwortsatz:

____

____

7 Quadratische Gleichungen (Textaufgaben)

Lösungen

Beispiel:

Zwei unmittelbar hintereinanderfolgende natürliche Zahlen werden miteinander malgenommen. Das Ergebnis ist 132. Wie heißen die beiden hintereinanderfolgenden Zahlen?

Lösung:

$x \cdot (x + 1) = 132$

$x^2 + x = 132$ | quadr. Ergänzung

$x^2 + x + (0{,}5)^2 = 132 + (0{,}5)^2$

$x^2 + x + 0{,}25 = 132 + 0{,}25$ | 1. binomische Formel

$(x + 0{,}5)^2 = 132{,}25$ | $\sqrt{}$

$x + 0{,}5 = \pm 11{,}5$ | -0,5

$\mathbf{x_1 = 11}$

$\mathbf{x_2 = -12}$

Die zweite gesuchte Zahl ist x +1, folglich 11 +1 = **12**.

(-11) • (-12) ergibt zwar auch 132, ebenfalls sind sie zwei hintereinanderfolgende Zahlen. Jedoch sind (-11) und (-12) keine natürlichen Zahlen. Als natürliche Zahlen gelten normalerweise nur die Zahlen 1, 2, 3, 4, 5 usw.

Antwortsatz:

Die beiden gesuchten Zahlen heißen 11 und 12.

Aufgabe 1: *Das Produkt zweier direkt hintereinanderfolgender natürlicher Zahlen ist 552. Berechne die gesuchten Zahlen.*

$x \cdot (x + 1) = 552$

$x^2 + x = 552$ | quadr. Ergänzung

$x^2 + x + (0{,}5)^2 = 552 + (0{,}5)^2$

$x^2 + x + 0{,}25 = 552 + 0{,}25$ | 1. binomische Formel

$(x + 0{,}5)^2 = 552{,}25$ | $\sqrt{}$

$x + 0{,}5 = \pm 23{,}5$ | -0,5

$\mathbf{x_1 = 23}$

$\mathbf{x_2 = -24}$

2. gesuchte Zahl:

$x_2 = x_1 + 1$

$x_2 = 23 + 1$

$x_2 = 24$

Antwortsatz:

Die beiden gesuchten Zahlen sind 23 und 24.

KOHL VERLAG Quadratische Funktionen und Gleichungen - Bestell-Nr. 12 105

7 Quadratische Gleichungen (Textaufgaben)

Beispiel:

Multipliziert man eine Zahl mit sich selbst, so ist das Ergebnis genauso viel wie, wenn man vom 12-fachen dieser Zahl die Zahl 27 subtrahiert. Für welche zwei Zahlen gilt diese Aussage?

Lösung:

$x \cdot x = 12 \cdot x - 27$

$x^2 = 12x - 27$ | $-12x$

$x^2 - 12x = -27$ | quadr. Ergänzung

$x^2 - 12x + 6^2 = -27 + 6^2$

$x^2 - 12x + 36 = -27 + 36$ | 2. binomische Formel

$(x - 6)^2 = 9$ | $\sqrt{}$

$x - 6 = \pm 3$ | $+6$

$\underline{\mathbf{x_1 = 9}}$

$\underline{\mathbf{x_2 = 3}}$

Antwortsatz:

Die genannte Aussage gilt für die Zahlen 9 und 3.

Aufgabe 2: *Multipliziere ich eine Zahl mit sich selbst, ergibt sich als Resultat genauso viel wie, wenn ich zum 9-fachen dieser Zahl die 112 addiere. Rechne aus, für welche zwei Zahlen diese Aussage gilt.*

Antwortsatz:

____

____

7 Quadratische Gleichungen (Textaufgaben)

Lösungen

Beispiel:

Multipliziert man eine Zahl mit sich selbst, so ist das Ergebnis genauso viel wie, wenn man vom 12-fachen dieser Zahl die Zahl 27 subtrahiert. Für welche zwei Zahlen gilt diese Aussage?

Lösung:

$x \cdot x = 12 \cdot x - 27$

$x^2 = 12x - 27$ | $-12x$

$x^2 - 12x = -27$ | quadr. Ergänzung

$x^2 - 12x + 6^2 = -27 + 6^2$

$x^2 - 12x + 36 = -27 + 36$ | 2. binomische Formel

$(x - 6)^2 = 9$ | $\sqrt{}$

$x - 6 = \pm 3$ | $+6$

$\mathbf{x_1 = 9}$

$\mathbf{x_2 = 3}$

Antwortsatz:

Die genannte Aussage gilt für die Zahlen 9 und 3.

Aufgabe 2: *Multipliziere ich eine Zahl mit sich selbst, ergibt sich als Resultat genauso viel wie, wenn ich zum 9-fachen dieser Zahl die 112 addiere. Rechne aus, für welche zwei Zahlen diese Aussage gilt.*

$x \cdot x = 9x + 112$ | $-9x$

$x^2 - 9x = 112$ | quadr. Ergänzung

$x^2 - 9x + 20{,}25 = 112 + 20{,}25$ | 2. binomische Formel

$(x - 4{,}5)^2 = 132{,}25$ | $\sqrt{}$

$x - 4{,}5 = \pm 11{,}5$ | $+4{,}5$

$\mathbf{x_1 = 16}$

$\mathbf{x_2 = -7}$

Antwortsatz:

Die Aussage gilt für die beiden Zahlen 16 und -7.

KOHL VERLAG Quadratische Funktionen und Gleichungen - Bestell-Nr. 12 105

7 Quadratische Gleichungen (Textaufgaben)

Aufgabe 3: *Die Summe zweier gesuchter natürlicher Zahlen beträgt 35. Als Produkt der beiden gesuchten Zahlen ergibt sich 304. Berechne, wie die beiden gesuchten Zahlen heißen.*

Antwortsatz:

____

____

Aufgabe 4: *Bei zwei gesuchten natürlichen Zahlen ist ihre Differenz 5, ihr Produkt 864. Rechne aus, wie die beiden gesuchten Zahlen heißen.*

Antwortsatz:

____

____

7 Quadratische Gleichungen (Textaufgaben)

Lösungen

Aufgabe 3: *Die Summe zweier gesuchter natürlicher Zahlen beträgt 35. Als Produkt der beiden gesuchten Zahlen ergibt sich 304. Berechne, wie die beiden gesuchten Zahlen heißen.*

Gleichung I $x + y = 35$

Gleichung II $x \cdot y = 304$

Gleichung I $x + y = 35$ | - x

aufgelöst nach: $y = 35 - x$

Gleichung I eingesetzt in II:

$x \cdot (35 - x) = 304$

$35x - x^2 = 304$ | : (-1)

$x^2 - 35x = -304$ | quadr. Ergänzung

$x^2 - 35x + 306{,}25 = -304 + 306{,}25$ | 2. binomische Formel

$(x - 17{,}5)^2 = 2{,}25$ | $\sqrt{}$

$x - 17{,}5 = \pm 1{,}5$ | +17,5

$\mathbf{x_1 = 19}$

$\mathbf{x_2 = 16}$

$y_1 = 35 - 19$

$\mathbf{y_1 = 16}$

$y_2 = 35 - 16$

$\mathbf{y_2 = 19}$

Antwortsatz:

Die beiden gesuchten Zahlen heißen 19 und 16.

Aufgabe 4: *Bei zwei gesuchten natürlichen Zahlen ist ihre Differenz 5, ihr Produkt 864. Rechne aus, wie die beiden gesuchten Zahlen heißen.*

Gleichung I $x - y = 5$

Gleichung II $x \cdot y = 864$

Gleichung I

aufgelöst nach: $x = 5 + y$

Gleichung I eingesetzt in II:

$(y + 5) \cdot y = 864$

$y^2 + 5y = 864$ | quadr. Ergänzung

$y^2 + 5y + 6{,}25 = 864 + 6{,}25$ | 1. binomische Formel

$(y + 2{,}5)^2 = 870{,}25$ | $\sqrt{}$

$y + 2{,}5 = \pm 29{,}5$ | -2,5

$\mathbf{x_1 = 27}$

$\mathbf{x_2 = -32}$

$y_1 = 35 - 19$

$\mathbf{y_1 = 16}$

$y_2 = 35 - 16$

$\mathbf{y_2 = 19}$

Antwortsatz:

Die beiden gesuchten Zahlen heißen 27 und 32.

<u>Hinweis</u>: Auch die beiden Zahlen -27 und -32 erfüllen die Gleichungen, diese sind jedoch keine natürlichen Zahlen.

KOHL VERLAG Quadratische Funktionen und Gleichungen - Bestell-Nr. 12 105

8 Quadratische Gleichungen (Geometrie)

Beispiel:

Ein rechteckiges Baugrundstück, das länger als breit ist, hat einen Umfang von 110 Metern und eine Flächengröße von 650 m². Wie lang und wie breit ist das Baugrundstück?

Lösung: Zunächst Aufstellung von 2 Gleichungen:

I $2a + 2b = 110$

II $a \cdot b = 600$

Skizze

b = ?

a = ?

Umstellung der 1. Gleichung:

$2a + 2b = 110$ | : 2

$a + b = 55$ | -a

$b = 55 - a$

I in II eingesetzt:

$a \cdot (55 - a) = 600$

$55a - a^2 = 600$ | : (-1)

$a^2 - 55a = -600$ | quadr. Ergänzung

$a^2 - 55a + (27{,}5) = -600 + (27{,}5)^2$ | 2. binomische Formel

$(a - 27{,}5)^2 = -600 + 756{,}25$

$(a - 27{,}5)^2 = 156{,}25$ | $\sqrt{}$

$a - 27{,}5 = \pm\, 12{,}5$ | +27,5

$\underline{\mathbf{a_1 = 40}}$

$\underline{\mathbf{a_2 = 15}}$

Berechnung von b_1:

$a_1 = 40$ in II eingesetzt:

$40 \cdot b_1 = 600$ | : 40

$b_1 = 600 : 40$

$\underline{\mathbf{b_1 = 15}}$

Berechnung von b_2:

$a_2 = 15$ in II eingesetzt:

$15 \cdot b_2 = 600$ | : 15

$b_2 = 600 : 15$

$\underline{\mathbf{b_2 = 40}}$

b = 40 m

a = 15 m

Da das Baugrundstück länger als breit ist, ergibt sich:

Antwortsatz: Das Baugrundstück ist 15 Meter breit und 40 Meter lang.

8 Quadratische Gleichungen (Geometrie)

Hilfreich ist es, zunächst Skizzen zu machen. Stelle dann Gleichungen auf und berechne danach die Variablen (= Unbekannten).

Aufgabe 1: *Der Flächeninhalt eines Rechtecks beträgt 180 cm². Zwei Seiten des Rechtecks sind jeweils 3 cm länger als jede der beiden anderen Seiten. Wie lang sind die Seiten des Rechtecks.*

Antwortsatz:

____

____

Aufgabe 2: *Bei einem Rechteck mit einem Flächeninhalt von 450 cm² sind 2 Seiten jeweils 7 cm kürzer als jede der beiden anderen Seiten. Wie lang sind die Seiten des Rechtecks?*

Antwortsatz:

____

____

KOHL VERLAG Quadratische Funktionen und Gleichungen - Bestell-Nr. 12 105

8 Quadratische Gleichungen (Geometrie)

Lösungen

Hilfreich ist es, zunächst Skizzen zu machen. Stelle dann Gleichungen auf und berechne danach die Variablen (= Unbekannten).

Aufgabe 1: *Der Flächeninhalt eines Rechtecks beträgt 180 cm². Zwei Seiten des Rechtecks sind jeweils 3 cm länger als jede der beiden anderen Seiten. Wie lang sind die Seiten des Rechtecks.*

$a \cdot (a - 3) = 180$
$a^2 - 3a = 180$ | quadratische Ergänzung
$a^2 - 3a + (1{,}5)^2 = 180 + (1{,}5)^2$
$a^2 - 3a + 2{,}25 = 180 + 2{,}25$ | 2. binomische Formel
$(a - 1{,}5)^2 = 182{,}25$ | $\sqrt{\ }$
$a - 1{,}5 = \pm 13{,}5$ | +1,5
$a_1 = 15$
$a_2 = -12$ [Scheinlösung]

$b_1 = a_1 - 3$
$b_1 = 15 - 3$
$b_1 = 12$
$b_2 = -12 - 3$
$b_2 = -15$ [Scheinlösung]

Antwortsatz:

2 Seiten des Rechtecks sind jeweils 15 cm lang, die anderen beiden Seiten jeweils 12 cm.

Aufgabe 2: *Bei einem Rechteck mit einem Flächeninhalt von 450 cm² sind 2 Seiten jeweils 7 cm kürzer als jede der beiden anderen Seiten. Wie lang sind die Seiten des Rechtecks?*

$a \cdot (a - 7) = 450$
$a^2 - 7a = 450$ | quadratische Ergänzung
$a^2 - 7a + (3{,}5)^2 = 450 + (3{,}5)^2$
$a^2 - 7a + 12{,}25 = 450 + 12{,}25$ | 2. binomische Formel
$(a - 3{,}5)^2 = 462{,}25$ | $\sqrt{\ }$
$a - 3{,}5 = \pm 21{,}5$ | +3,5
$a_1 = 25$
$a_2 = -18$ [Scheinlösung]

$b_1 = a_1 - 7$
$b_1 = 25 - 7$
$b_1 = 18$
$b_2 = -18 - 7$
$b_2 = -25$ [Scheinlösung]

Antwortsatz:

2 Seiten des Rechtecks sind jeweils 25 cm lang, die anderen beiden Seiten jeweils 18 cm.

8 Quadratische Gleichungen (Geometrie)

Aufgabe 3: *Berechne die Seitenlängen eines rechteckigen Vorgartens, der einen Umfang von 44 Metern und eine Fläche von 120 m² aufweist.*

Antwortsatz:

____

____

Aufgabe 4: *Eine rechteckige Platte weist eine Flächengröße von 1,28 m² auf. Die Breite der Platte beträgt zweimal so viel wie die Länge. Berechne, wie breit und wie lang die Platte ist.*

Antwortsatz:

____

____

8 Quadratische Gleichungen (Geometrie)

Lösungen

Aufgabe 3: *Berechne die Seitenlängen eines rechteckigen Vorgartens, der einen Umfang von 44 Metern und eine Fläche von 120 m² aufweist.*

Gleichung I: $2a + 2b = 44$ Gleichung II: $a \cdot b = 120$

Umstellung der 1. Gleichung:

$2a + 2b = 44$ | : 2

$a + b = 22$ | -a

$b = 22 - a$

I im II eingesetzt:

$a \cdot (22 - a) = 120$

$22a - a^2 = 120$ | : (-1)

$a^2 - 22a = -120$ | quadratische Ergänzung

$a^2 - 22a + 11^2 = -120 + 11^2$ | 2. binomische Formel

$(a - 11)^2 = -120 + 121$

$(a - 11)^2 = 1$ | $\sqrt{}$

$a - 11 = \pm 1$ | +11

$\mathbf{a_1 = 12}$ $\mathbf{a_2 = 10}$

Berechnung von b_1:

$a_1 = 12$ in II eingesetzt:

$12 \cdot b_1 = 120$ | : 12

$b_1 = 120 : 12$

$\mathbf{b_1 = 10}$

Berechnung von b_2:

$a_2 = 10$ in II eingesetzt:

$10 \cdot b_2 = 120$ | : 10

$b_2 = 120 : 10$

$\mathbf{b_2 = 12}$

Antwortsatz:

2 Seiten des Vorgartens sind jeweils 12 m lang, die anderen beiden Seiten jeweils 10 m.

Aufgabe 4: *Eine rechteckige Platte weist eine Flächengröße von 1,28 m² auf. Die Breite der Platte beträgt zweimal so viel wie die Länge. Berechne, wie breit und wie lang die Platte ist.*

Gleichung I: $a \cdot b = 1{,}28$ Gleichung II: $a = 2 \cdot b$

II in I eingesetzt:

$2b \cdot b = 1{,}28$

$2b^2 = 1{,}28$ | : 2

$b^2 = 0{,}64$ | $\sqrt{}$

$b = \pm 0{,}8$

$\mathbf{b_1 = 0{,}8}$

$\mathbf{b_2 = -0{,}8}$ [Scheinlösung]

Berechnung von b_1:

$a_1 = 0{,}8$ in I eingesetzt:

$0{,}8 \cdot b = 1{,}28$ | : 0,8

$b_1 = 1{,}28 : 0{,}8$

$b_1 = 1{,}6$

$b_2 = 1{,}28 : (-0{,}8)$

$\mathbf{b_2 = -1{,}6}$ [Scheinlösung]

Antwortsatz:

Die Platte ist 1,6 m breit und 0,8 m lang.

Quadratische Gleichungen (Geometrie)

Aufgabe 5: *Für ein rechteckiges Bild mit den Seitenlängen 60 cm und 40 cm soll ein ebenfalls rechteckiger Rahmen angefertigt werden. Die Fläche des Rahmens soll genauso groß sein wie die des Bildes. Wie breit muss der Rahmen des Bildes werden?*

Zeichne zuerst eine Skizze. Stelle anhand der Skizze eine Gleichung mit der Unbekannten x auf. Berechne dann den x-Wert der quadratischen Gleichung.

Antwortsatz:

____

____

8 Quadratische Gleichungen (Geometrie)

Lösungen

Aufgabe 5: *Für ein rechteckiges Bild mit den Seitenlängen 60 cm und 40 cm soll ein ebenfalls rechteckiger Rahmen angefertigt werden. Die Fläche des Rahmens soll genauso groß sein wie die des Bildes. Wie breit muss der Rahmen des Bildes werden?*

Zeichne zuerst eine Skizze. Stelle anhand der Skizze eine Gleichung mit der Unbekannten x auf. Berechne dann den x-Wert der quadratischen Gleichung.

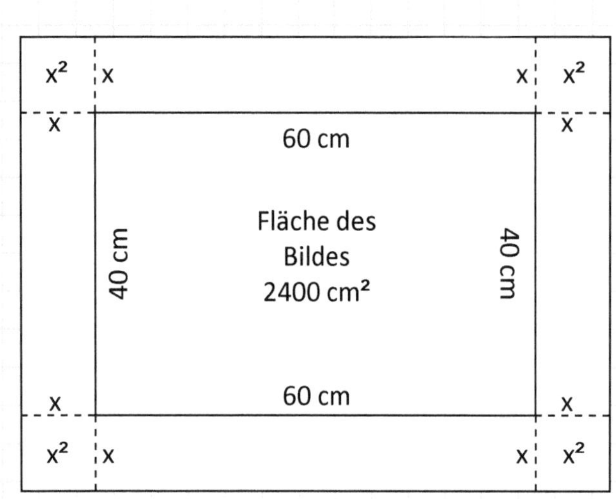

Gesucht:
Breite des Bilderrahmens = ? (x)

Fläche des Bildes:
A = 60 cm • 40 cm
A = 2400 cm²

Der Bilderrahmen soll wie das Bild eine Fläche von 2400 cm² aufweisen.

Aufstellung der Gleichung:

$4\,x^2 + 60x + 60x + 40x + 40x = 2400$

$4\,x^2 + 200x = 2400$ | : 4

$x^2 + 50 = 600$ | quadratische Ergänzung

$x^2 + 50x + 625 = 600 + 625$ | 1. binomische Formel

$(x + 25)^2 = 1225$ | $\sqrt{}$

$x + 25 = \pm 35$ | -25

$x_1 = 10$

($x_2 = -60$)

Der negative Wert kommt für die Textaufgabe nicht in Frage.

Probe für x_1:

$4 \cdot (10)^2 + 60 \cdot 10 + 60 \cdot 10 + 40 \cdot 10 + 40 \cdot 10 = 2400$

$4 \cdot 100 + 600 + 600 + 400 + 400 = 2400$

$400 + 2000 = 2400$

$2400 = 2400$

Antwortsatz:

Der Rahmen des Bildes muss 10 cm breit werden.

9 Quadratische Gleichungen (Satz des Pythagoras)

Beispiel:

In einem rechtwinkligen Dreieck ist die Hypotenuse 10 cm lang. Die eine Kathete ist 2 cm länger als die andere Kathete. Berechne, wie lang beide Katheten sind.

Lösung:

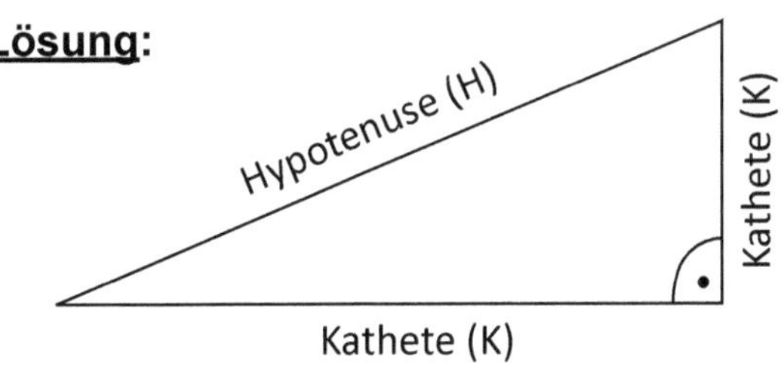

Die Hypotenuse ist immer die längste Seite im rechtwinkligen Dreieck. Sie liegt gegenüber dem 90°-Winkel (= rechter Winkel).

Gemäß dem Satz des Pythagoras lässt sich die Formel aufstellen:

$K_I^2 + K_{II}^2 = H^2$

Im vorliegenden Dreieck ist:

$K_I^2 + K_{II}^2 = 10^2$
$K_I^2 + K_{II}^2 = 100$

Außerdem gilt:

$K_I = K_{II} + 2$

In die Ausgangsgleichung wird für K_I eingesetzt: $K_{II} + 2$

$(K_{II} + 2)^2 + K_{II}^2 = 100$	| Ausklammerung (1. bin. Formel)
$K_{II}^2 + 4\,K_{II} + 4 + K_{II}^2 = 100$	| -4
$2\,K_{II}^2 + 4\,K_{II} = 100 - 4$	
$2\,K_{II}^2 + 4\,K_{II} = 96$	| : 2
$K_{II}^2 + 2\,K_{II} = 48$	| 1. binomische Formel
$(K_{II} + 1)^2 = 49$	| $\sqrt{\ }$
$K_{II} + 1 = \pm 7$	| -1
$\mathbf{K_{II1} = 6}$	
$\mathbf{(K_{II2} = -8)}$	

Als Ergebnis kommt nur der positive Wert $K_{II1} = 6$ in Frage. Dieser Wert wird eingesetzt in:

$K_I = K_{II} + 2$
$K_I = 6 + 2$
$\mathbf{K_I = 8}$

Antwortsatz:

Die eine Kathete ist 8 cm lang, die andere Kathete 6 cm.

KOHL VERLAG Quadratische Funktionen und Gleichungen - Bestell-Nr. 12 105

9 Quadratische Gleichungen (Satz des Pythagoras)

Aufgabe 1: *Gegeben ist ein rechtwinkliges Dreieck, in dem eine Kathete 8 cm lang ist. Die andere Kathete ist 2 cm kürzer als die Hypotenuse. Berechne, wie lang die andere Kathete und die Hypotenuse sind.*

Antwortsatz:

____

____

Aufgabe 2: *Eine Kathete eines rechtwinkligen Dreiecks ist 4 cm länger als die andere Kathete. Die längere Kathete ist 4 cm kürzer als die Hypotenuse. Berechne die Länge der beiden Katheten und der Hypotenuse.*

Antwortsatz:

____

____

9 Quadratische Gleichungen (Satz des Pythagoras)

Lösungen

Aufgabe 1: *Gegeben ist ein rechtwinkliges Dreieck, in dem eine Kathete 8 cm lang ist. Die andere Kathete ist 2 cm kürzer als die Hypotenuse. Berechne, wie lang die andere Kathete und die Hypotenuse sind.*

$H^2 = K_I^2 + K_{II}^2$

$H^2 = 8^2 + (H - 2)^2$ | Ausklammerung

$H^2 = 64 + H^2 - 4H + 4$

$H^2 = 68 + H^2 - 4H$ | $-H_2$

$0 = 68 - 4H$ | $+4H$

$4H = 68$ | : 4

$\underline{\mathbf{H = 17}}$

Berechnung von K_{II}:

$K_{II} = H - 2$

$K_{II} = 17 - 2$

$\underline{\mathbf{K_{II} = 15}}$

Antwortsatz:

Die Hypotenuse ist 17 cm lang, die andere Kathete 15 cm.

Aufgabe 2: *Eine Kathete eines rechtwinkligen Dreiecks ist 4 cm länger als die andere Kathete. Die längere Kathete ist 4 cm kürzer als die Hypotenuse. Berechne die Länge der beiden Katheten und der Hypotenuse.*

$$\left.\begin{array}{l} K_I = K_{II} + 4 \\ H^2 = K_I^2 + K_{II}^2 \\ H = K_I + 4 \end{array}\right\}$$

Aufstellung der Gleichung:

$(K_I + 4)^2 = K_I^2 + (K_I - 4)^2$

$K_I = x$ gesetzt, somit:

$(x + 4)^2 = x^2 + (x - 4)^2$ | Ausklammerung

$x^2 + 8x + 16 = x^2 + x^2 - 8x + 16$ | -16

$x^2 + 8x = 2x^2 - 8x$ | $-x^2$

$8x = x^2 - 16x$ | -8x

$0 = x^2 - 16x$ | Seitentausch

$x^2 - 16x = 0$ | quadr. Ergänzung

$x^2 - 16x + 64 = 64$ | 2. bin. Formel

$(x - 8)^2 = 64$ | $\sqrt{}$

$x - 8 = \pm 8$ | +8

$\underline{\mathbf{x_1 = 16}}$

$\underline{\mathbf{x_2 = 0}}$

Kathete II = $K_I - 4$

$\underline{\mathbf{K_{II} = 12}}$

Hypotenuse = 16 + 4

$\underline{\mathbf{H = 20}}$

Antwortsatz:

Die Hypotenuse ist 20 cm lang, die eine Kathete 16 cm und die andere Kathete 12 cm.

10 Quadratische Gleichungen (Test)

Aufgabe 1: *Berechne jeweils die x-Werte und mache die Proben.*

a)

$6x^2 + 36 = 90$

b)

$x^2 - 10x + 25 = 0$

c)

$x^2 + 14x - 120 = 0$

d)

$5x^2 + 15x = 140$

10 Quadratische Gleichungen (Test)

Lösungen

Aufgabe 1: *Berechne jeweils die x-Werte und mache die Proben.*

a)

$6x^2 + 36 = 90$ | : 6
$x^2 + 6 = 15$ | -6
$x^2 = 9$ | $\sqrt{\ }$
$x_1 = 3$
$x_2 = -3$

Proben:
x_1: $6 \cdot 3^2 + 36 = 90$
$6 \cdot 9 + 36 = 90$
$54 + 36 = 90$
$90 = 90$

x_2: $6 \cdot (-3)^2 + 36 = 90$
$6 \cdot 9 + 36 = 90$
$54 + 36 = 90$
$90 = 90$

b)

$x^2 - 10x + 25 = 0$ | -25
$x^2 - 10x = -25$ | quadr. Erg.
$x - 10x + 25 = -25 + 25$ | 2 bin. Form.
$(x - 5)^2 = 0$ | $\sqrt{\ }$
$x - 5 = 0$ | +5
$x = 5$

Probe:
$5^2 - 10 \cdot 5 + 25 = 0$
$25 - 50 + 25 = 0$
$0 = 0$

c)

$x^2 + 14x - 120 = 0$ | +120
$x^2 + 14x = 120$ | quadr. Erg.
$x^2 + 14x + 49 = 120 + 49$ | 1. bin. Form.
$(x + 7)^2 = 169$ | $\sqrt{\ }$
$x + 7 = \pm 13$ | -7
$x_1 = 6$
$x_2 = -20$

Proben:
x_1: $6^2 + 14 \cdot 6 - 120 = 0$
$36 + 84 - 120 = 0$
$120 - 120 = 0$

x_2: $(-20)^2 + 14 \cdot (-20) - 120 = 0$
$400 - 280 - 120 = 0$
$400 - 400 = 0$
$0 = 0$

d)

$5x^2 + 15x = 140$ | : 5
$x^2 + 3x = 28$ | quadr. Erg.
$x^2 + 3x + 2{,}25 = 28 + 2{,}25$ | 1. bin. Form.
$(x + 1{,}5)^2 = 30{,}25$ | $\sqrt{\ }$
$x + 1{,}5 = \pm 5{,}5$ | -1,5
$x_1 = 4$
$x_2 = -7$

Proben:
x_1: $5 \cdot 4^2 + 15 \cdot 4 = 140$
$5 \cdot 16 + 60 = 140$
$80 + 60 = 140$
$140 = 140$

x_2: $5 \cdot (-7)^2 + 15 \cdot (-7) = 140$
$5 \cdot 49 - 105 = 140$
$245 - 105 = 140$
$140 = 140$

KOHL VERLAG Quadratische Funktionen und Gleichungen - Bestell-Nr. 12 105

10 Quadratische Gleichungen (Test)

Aufgabe 2: *Berechne die x-Werte und mache die Proben.*

a)

$\frac{3}{5}x^2 + 9x = 150$

b)

$5x^2 - 9x - 2x^2 = 6(x - 2)$

c)

$2x(x - 1) - 112 = 4(x - 1)$

10 Quadratische Gleichungen (Test)

Lösungen

Aufgabe 2: *Berechne die x-Werte und mache die Proben.*

a)

$\frac{3}{5}x^2 + 9x = 150$	| Umwandlung	Proben: x_1: $0{,}6 \cdot 10^2 + 9 \cdot 10 = 150$
$0{,}6x^2 + 9x = 150$	| : 0,6	$0{,}6 \cdot 100 + 90 = 150$
$x^2 + 15x = 250$	| quadr. Erg.	$60 + 90 = 150$
$x^2 + 15x + 56{,}25 = 250 + 56{,}25$	| 1 bin. Form.	$150 = 150$
$(x + 7{,}5)^2 = 306{,}25$	| $\sqrt{}$	x_2: $0{,}6 \cdot (-25)^2 + 9 \cdot (-25) = 150$
$x + 7{,}5 = \pm 17{,}5$	| -7,5	$0{,}6 \cdot 625 - 225 = 150$
$\mathbf{x_1 = 10}$		$375 - 225 = 150$
$\mathbf{x_2 = -25}$		$150 = 150$

b)

$5x^2 - 9x - 2x^2 = 6(x - 2)$		Proben: x_1: $5 \cdot 4^2 - 9 \cdot 4 - 2 \cdot 4^2 = 6 \cdot (4 - 2)$
$3x^2 - 9x = 6x - 12$	| -6x	$5 \cdot 16 - 36 - 2 \cdot 16 = 12$
$3x^2 - 15x = -12$	| : 3	$80 - 36 - 32 = 12$
$x^2 - 5x = -4$	| quadr. Erg.	$12 = 12$
$x^2 - 5x + 6{,}25 = -4 + 6{,}25$	| 2. bin. Form.	x_2: $5 \cdot 1^2 - 9 \cdot 1 - 2 \cdot 1^2 = 6 \cdot (1 - 2)$
$(x - 2{,}5)^2 = 2{,}25$	| $\sqrt{}$	$5 - 9 - 2 = 6 \cdot (-1)$
$x - 2{,}5 = \pm 1{,}5$	| +2,5	$-6 = -6$
$\mathbf{x_1 = 4}$		
$\mathbf{x_2 = 1}$		

c)

$2x(x - 1) - 112 = 4(x - 1)$		Proben: x_1: $2 \cdot 9 \cdot (9 - 1) - 112 = 4 \cdot (9 - 1)$
$2x^2 - 2x - 112 = 4x - 4$	| -4x +4	$18 \cdot 8 - 112 = 4 \cdot 8$
$2x^2 - 6x - 108 = 0$	| : 2	$144 - 112 = 32$
$x^2 - 3x - 54 = 0$	| +54	$32 = 32$
$x^2 - 3x = 54$	| quadr. Erg.	x_2: $2 \cdot (-6) \cdot (-6 - 1) - 112 = 4 \cdot (-6 - 1)$
$x^2 - 3x + 2{,}25 = 54 + 2{,}25$	| 2. bin. Form.	$(-12) \cdot (-7) - 112 = 4 \cdot (-7)$
$(x - 1{,}5)^2 = 56{,}25$	| $\sqrt{}$	$84 - 112 = -28$
$x - 1{,}5 = \pm 7{,}5$	| +1,5	$-28 = -28$
$\mathbf{x_1 = 9}$		
$\mathbf{x_2 = -6}$		

KOHL VERLAG Quadratische Funktionen und Gleichungen - Bestell-Nr. 12 105

10 Quadratische Gleichungen (Test)

Aufgabe 3: *Wird zum Quadrat der gesuchten positiven Zahl die Zahl 69 addiert, ist das Ergebnis 150. Stelle eine Gleichung auf und berechne die gesuchte Zahl (x).*

Antwortsatz:

____

Aufgabe 4: *Subtrahiert man vom augenblicklichen Lebensalter einer Frau die Zahl 7, so ergibt das Quadrat der Differenz die Zahl 625. Berechne das Alter der Frau, indem du zuerst eine antreffende Gleichung aufstellst.*

Antwortsatz:

____

Aufgabe 5: *Ein quadratischer Swimmingpool weist eine Seitenlänge von jeweils 8 m auf. Um den Swimmingpool soll ein Plattenweg mit einer Fläche von 80 m² verlaufen. Mache eine Skizze, stelle entsprechend eine Gleichung auf und berechne die Breite des Plattenweges.*

Antwortsatz:

____

10 Quadratische Gleichungen (Test)

Lösungen

Aufgabe 3: *Wird zum Quadrat der gesuchten positiven Zahl die Zahl 69 addiert, ist das Ergebnis 150. Stelle eine Gleichung auf und berechne die gesuchte Zahl (x).*

$x^2 + 69 = 150 \quad | -69$

$x^2 = 150 - 69$

$x^2 = 81 \quad | \sqrt{}$

$\mathbf{x_1 = 9}$

$\mathbf{x_2 = -9}$

Antwortsatz:

Die gesuchte Zahl heißt 9.

Aufgabe 4: *Subtrahiert man vom augenblicklichen Lebensalter einer Frau die Zahl 7, so ergibt das Quadrat der Differenz die Zahl 625. Berechne das Alter der Frau, indem du zuerst eine antreffende Gleichung aufstellst.*

$(x - 7)^2 = 625 \quad | \sqrt{}$

$x - 7 = \pm 25 \quad | +7$

$\mathbf{x_1 = 32}$

$\mathbf{x_2 = -18}$

Antwortsatz:

Die Frau ist 32 Jahre alt.

Aufgabe 5: *Ein quadratischer Swimmingpool weist eine Seitenlänge von jeweils 8 m auf. Um den Swimmingpool soll ein Plattenweg mit einer Fläche von 80 m² verlaufen. Mache eine Skizze, stelle entsprechend eine Gleichung auf und berechne die Breite des Plattenweges.*

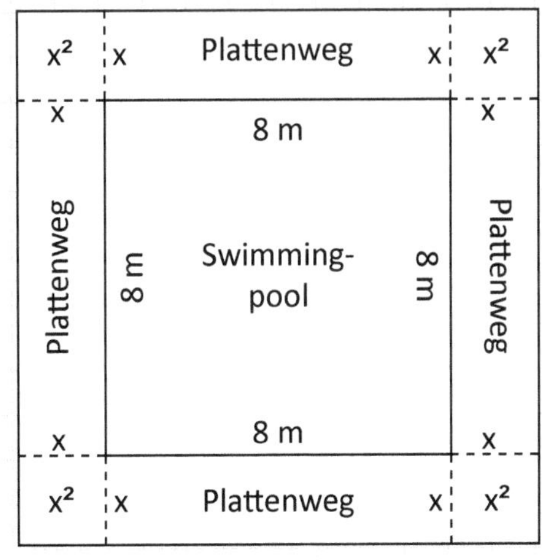

Gleichung:

$4x^2 + 8x + 8x + 8x + 8x = 80$

$4x^2 + 32x = 80 \quad | :4$

$x^2 + 8x = 20 \quad |$ quadr. Erg.

$x^2 + 8x + 16 = 20 + 16 \quad |$ 1. bin. Form.

$(x + 4)^2 = 36 \quad | \sqrt{}$

$x + 4 = \pm 6 \quad | -4$

$\mathbf{x_1 = 2}$

$\mathbf{x_2 = -10}$

Antwortsatz:

Der Plattenweg wird 2 Meter breit.

Aufgabe 6: *Die kürzeste Seite eines rechtwinkligen Dreiecks ist 20 cm lang, eine weitere Seite ist 1 cm länger. Berechne die Länge der längsten Seite.*

Antwortsatz:

___

Aufgabe 7: *Die längste Seite eines rechtwinkligen Dreiecks beträgt 45 cm. Eine andere Seite dieses Dreiecks ist 9 cm länger als die kürzeste Seite des Dreiecks. Rechne die Längen der zwei Seiten aus.*

Antwortsatz:

___

10 Quadratische Gleichungen (Test)

Lösungen

Aufgabe 6: *Die kürzeste Seite eines rechtwinkligen Dreiecks ist 20 cm lang, eine weitere Seite ist 1 cm länger. Berechne die Länge der längsten Seite.*

Im rechtwinkligen Dreieck lässt sich der Satz des Pythagoras anwenden:

$H^2 = K_I^2 + K_{II}^2$
$H^2 = 20^2 + 21^2$
$H^2 = 400 + 441$
$H^2 = 841 \quad | \sqrt{}$
$H = \pm 29$
$\underline{\mathbf{H_1 = 29}}$
$\underline{\mathbf{H_2 = -29}}$

Nur der positive Wert ist als Ergebnis relevant.

Antwortsatz:

Die längste Seite des Dreiecks (= Hypotenuse) ist 29 cm lang.

Aufgabe 7: *Die längste Seite eines rechtwinkligen Dreiecks beträgt 45 cm. Eine andere Seite dieses Dreiecks ist 9 cm länger als die kürzeste Seite des Dreiecks. Rechne die Längen der zwei Seiten aus.*

Auch bei dieser Aufgabe ist der Satz des Pythagoras anwendbar:

I $K_I^2 + K_{II}^2 = H^2$
II $K_I^2 = K_{II} + 9$

eingesetzt in I:
$(K_{II} + 9)^2 + K_{II}^2 = 2025$
K_{II} wird ersetzt durch x:
$(x + 9)^2 + x^2 = 2025 \quad |$ Ausklammerung
$x^2 + 18x + 81 + x^2 = 2025$
$2x^2 + 18x + 81 = 2025 \quad | -81$
$2x^2 + 18x = 1944 \quad | :2$
$x^2 + 9x = 972 \quad |$ quadr. Erg.
$x^2 + 9x + 20{,}25 = 972 + 20{,}25 \quad |$ 1. bin. Form.
$(x + 4{,}5)^2 = 992{,}25 \quad | \sqrt{}$
$x + 4{,}5 = \pm 31{,}5 \quad | -4{,}5$
$\underline{\mathbf{x_1 = 27}}$
$\underline{\mathbf{x_2 = -36}}$
Nur der positive Wert ist als Ergebnis relevant.

Berechnung der Kathete I:
$Kathete_I = Kathete_{II} + 9$
$Kathete_I = 27 + 9$
$\underline{\mathbf{Kathete_I = 36}}$

Antwortsatz:

Die beiden anderen Seiten des Dreiecks (= Katheten) sind 27 cm und 36 cm lang.

KOHL VERLAG Quadratische Funktionen und Gleichungen - Bestell-Nr. 12 105

11 Was kannst du?

Kreuze an, was du kannst.

Thema: Normalparabeln

Ich kann:

- Wertetabellen erstellen; ☐
- die Parabeln zeichnen; ☐
- die Nullstellen berechnen; ☐
- den Scheitelpunkt bei reinquadratischen Funktionen bestimmen; ☐
- den Scheitelpunkt bei gemischtquadratischen Funktionen bestimmen; ☐
- Funktionsgleichungen ermitteln; ☐
- Textaufgaben beantworten. ☐

Thema: Gestreckte und gestauchte Parabeln

Ich kann:

- Wertetabellen erstellen; ☐
- die Parabeln zeichnen; ☐
- die Nullstellen berechnen; ☐
- die Scheitelpunkte bestimmen; ☐
- Funktionsgleichungen ermitteln; ☐
- Textaufgaben beantworten. ☐

Thema: Quadratische Gleichungen

Ich kann:

- reinquadratische Gleichungen lösen; ☐
- gemischtquadratische Gleichungen lösen; ☐
- die pq-Formel anwenden; ☐
- den Satz von Viëta anwenden; ☐
- die abc-Formel anwenden; ☐
- den Satz vom Nullprodukt anwenden; ☐
- Textaufgaben beantworten. ☐

dhelm Heitmann

adratische Funktionen
inderleicht erlernen

ade im Hinblick auf die Anforderungen in SEK II ist es von beson-r Bedeutung, die Zusammenhänge quadratischer Funktionen zu tehen. Sie sind eine wichtige Voraussetzung für eine erfolgreiche rendiskussion. Diese Grundkenntnisse werden betont kleinschrit-ermittelt und eingeübt und steigern sich kontinuierlich im wierigkeitsgrad. Neben den Parabeln wird auch die Bear-ung und Lösung quadratischer Gleichungen vermittelt.

Buch	12 105	26,80 €	PDF-Schullizenz
PDF	P12 105	21,49 €	86,- €

Seiten — 7 8 9 10 11-13

dhelm Heitmann

neare Funktionen
inderleicht erlernen

Grundkenntnisse werden durch Arbeitsblätter, Tests und Lern-e vermittelt, gefestigt und überprüft. Dabei werden Schritt für ritt die wichtigsten Elemente erklärt und betont kleinschrittig ein-ot. Eine kontinuierliche Steigerung zieht sich durch die Arbeits-er. Möglich ist, einzelne Arbeitsblätter gezielt zur Vertiefung zu ehmen. Ebenso kann das Thema mit diesem Band vollumfäng-durchgearbeitet werden.

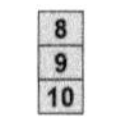

Buch	11 536	21,80 €	PDF-Schullizenz
PDF	P11 536	17,49 €	70,- €

eiten — 8 9 10

s-J. Schmidt

eare Funktionen an Stationen

ufgabenkarten, die sich hervorragend archivieren lassen. Die en dienen als Lernkartei für die Freiarbeit. Sie ermöglichen n die ausführlichen Lösungen selbstständiges Arbeiten. Etwas nderes ist der Funktionenschieber, mit dem sich schnell und mpliziert Funktionen des Typs $y = mx + b$ darstellen lassen. stellen bestimmen, Steigungsdreiecke behandeln etc..

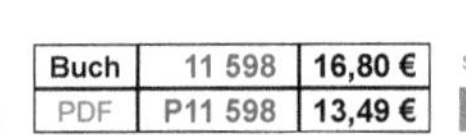

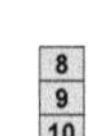

Buch	11 598	16,80 €	PDF-Schullizenz
PDF	P11 598	13,49 €	54,- €

eiten — 8 9 10

s-J. Schmidt

tionenlernen Lineare Optimierung

ineare Optimierung ist ein Anwendungsgebiet aus dem Grenz-ch zwischen Mathe und VW und dient der Optimierung wirt-ftlicher Prozesse durch mathematische Berechnungen. Um pannenden Zusammenhänge und den praktischen Bezug zum tsalltag in unserer Marktwirtschaft individuell erarbeiten zu kön-wurde das Buch in Form eines Stationenlernens konzipiert.

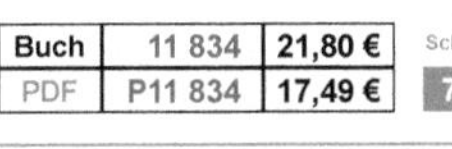

Buch	11 834	21,80 €	PDF-Schullizenz
PDF	P11 834	17,49 €	74,- €

eiten — 9 10

-J. Schmidt

rme & Gleichungen ... von Anfang an

nd des Waagemodells wird das Lösen von Gleichungen anschaulich ittelt und durch vielfältige Aufgaben eingeübt. Rätsel dienen zur Vertie-des Erlernten und erhalten die Motivation. Die gängigen elementaren enregeln werden vorgestellt und Tricks und Hilfen angeboten. Die abenkarten können laminiert werden und eignen sich gut für die enplan- und Freiarbeit.

Buch	12 008	21,80 €	PDF-Schullizenz
PDF	P12 008	17,49 €	70,- €

iten — 7 8 9 10

Ab 7. Schuljahr — Hans-J. Schmidt — Terme und Gleichungen ... von Anfang an — Regeln, Tricks & Hilfen, Rätsel, Aufgaben...

-J. Schmidt

ichungen lösen *Step by Step*

ntstehen Probleme, wenn Gleichungen mit Formvariablen gelöst wer-ollen oder Formeln umgestellt werden müssen. Diese Aufgabenkarten n durch ein raffiniertes Verfahren die Möglichkeit, dass Schüler sich s Thema in eigenverantwortlicher Arbeit aneignen. Die Aufgabenkar-nd so gestaltet, dass die Gleichungen Schritt für Schritt umge-und der Lösung zugeführt werden.

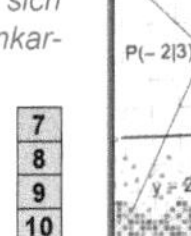

Buch	12 007	16,80 €	PDF-Schullizenz
PDF	P12 007	13,49 €	60,- €

iten — 7 8 9 10

Ab 7. Schuljahr — Hans-J. Schmidt — Gleichungen lösen Step by Step

-J. Schmidt

eare Gleichungssysteme
chungen 1. Grades mit zwei Variablen

ehreren Stationen lernen die Schüler, wie man Gleichungen 1. Grades wei Variablen löst. Jede Station besteht aus Aufgabenkarten im For-x13 cm, die ausgeschnitten und in der Mitte gefalzt werden – und eine Lernkartei bilden, die immer wieder verwendet werden kann.

Buch	11 897	24,80 €	PDF-Schullizenz
PDF	P11 897	19,99 €	80,- €

eiten — 8 9 10

Barbara Theuer

Unendlichkeit in der Mathematik

NEU ab Sept.

„Wie lange dauert eine Ewigkeit?“ Fragen über Fragen ... Oder: Kann das Ergebnis der Addition von unendlich vielen Summanden eine endliche reelle Zahl sein und wie lässt sich rechnerisch nachweisen, dass bei dem antiken Wettkampf Achilles die Schildkröte einholt, obwohl ihr mathematischer Vorsprung aus zwar immer kürzer werdenden, aber dennoch unaufhörlich vielen Strecken besteht? Von der Anschauung zur wissenschaftlichen Definition des mathematischen Grenzwertbegriffes ist die Grundidee dieses Bandes.

BF — 9 10 11-13

Buch	12 315	19,80 €	PDF-Schullizenz
PDF	P12 315	15,99 €	64,- €

80 S.

Barbara Theuer

Bruchterme & -gleichungen
Kleinschrittig erklärt & umgesetzt

NEU

Wie bestimmt man den Hauptnenner? Wie gibt man den Definitionsbereich an und wie löst man solche Bruchgleichungen? Was muss man bei der Lösungsmenge angeben? Schritt für Schritt werden die mathematischen Anwendungen erläutert und an zahlreichen Beispielen geübt.

Basiswissen kleinschrittig erklärt und umgesetzt!

8 9 10 11-13

Buch	12 292	15,80 €	PDF-Schullizenz
PDF	P12 292	12,49 €	50,- €

48 S.

Sekundarstufe — Barbara Theuer — Bruchterme & -gleichungen — $\frac{4}{x} + \frac{2x-2}{x+2} = \frac{3x^2}{x^2+2x}$ — Kleinschrittig erklärt & umgesetzt

Friedhelm Heitmann

Lineare Gleichungen
... mit 1-3 Unbekannten

Gleichungen sind in der Mathematik von großer Bedeutung. Vor diesem Hintergrund geht es in desem Band um lineare Gleichungen. In kleinschrittiger Vorgehensweise werden lineare Gleichungen mit einer Variablen, sowie lineare Gleichungssysteme mit zwei bzw. drei Variablen behandelt. Zielsetzungen des Bandes sind die Vermittlung, Festigung sowie Überprüfung grundlegender Kenntnisse und Erkenntnisse zur genannten Thematik. Dabei thematisiert der Band auch diverse Textaufgaben.

8 9 10 11-13

Buch	12 239	24,80 €	PDF-Schullizenz
PDF	P12 239	19,99 €	80,- €

128 S.

Barbara Theuer

Kurvendiskussion

So wie unser Leben durch Wachstumsprozesse und zeitlich periodische Vorgänge bestimmt wird, besteht auch die Aufgabe der Mathematik darin, diese Prozesse zu modellieren, mittels Funktionen zu beschreiben und berechenbar zu machen. Dieser Zielstellung widmen sich die vier Bände zur Analysis der gymnasialen Oberstufe.

Im Band **Potenz- und Wurzelfunktionen** wird neben zahlreichen Übungen zu elementaren Funktionseigenschaften der Ableitungsbegriff anschaulich erarbeitet und zur Kurvendiskussion von Potenzfunktionen angewendet.

Sowohl im Band **Exponential- & Logarithmusfunktionen** als auch im Band **Trigonometrische Funktionen** motivieren interessante praktische Beispiele für exponentielle Wachstums- und Zerfallsprozesse und zu periodischen Vorgängen in Natur und Technik zur Bearbeitung zahlreicher Aufgaben zur Übung und Festigung der Eigenschaften entsprechender Funktionen.

Der vierte Band **Integralrechnung** widmet sich der Berechnung von Flächen unter Funktionsgraphen.

Sekundarstufe II — Barbara Theuer — Kurvendiskussion — Exponential- & Logarithmusfunktionen — Erklärungen, Beispiele, Aufgaben, Ausführliche Lösungen — • Vergleich von Wachstumsprozessen • Differentialrechnung

Analysis anschaulich und zielführend!

9 10 11-13

je 80/88 Seiten

Titel							PDF-Schullizenz (je Band)
Potenz- & Wurzelfunktionen	Buch	11 853	18,80 €	PDF	P11 853	14,99 €	
Exponential- & Logarithmusfunktionen	Buch	11 854	18,80 €	PDF	P11 854	14,99 €	
Trigonometrische Funktionen	Buch	11 855	18,80 €	PDF	P11 855	14,99 €	
Integralrechnung	Buch	12 011	18,80 €	PDF	P12 011	14,99 €	60,- €

Klasse 5 6 7 8 9 10 11-13 — Mathematik

Förder-bedarf | INK Inklusion | BF Begabten-förderung |  Lernen an Stationen |  Arbeitsmaterial zur Differenzierung | 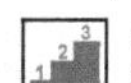 Zusatz-material

Klasse 5 6 7 8 9 10 11-13

Mathematik

Jörg Krampe & Rolf Mittelmann

Runden & Überschlagsrechnen

Die Übungen zum Runden enthalten jeweils maximal 20 Aufgaben, die Übungen zur Überschlagsrechnung nur 6-9 Aufgaben. Jedes Übungsblatt enthält eine Anleitung mit Beispiel. Die Lösungen befinden sich auf den Rückseiten der Übungsblätter. Drei verschiedene spielerische Kontrollformen bieten Abwechslung und Variantenreichtum, ohne sich zu verzetteln.

64 Seiten

			PDF-Schullizenz
Buch	11 667	16,80 €	
PDF	P11 667	13,49 €	54,- €

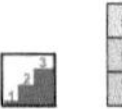

5 6 7

Hans-J. Schmidt

Mathe-Flyer Grundkenntnisse für jeden Tag

Der Lernstoff ist kompakt und übersichtlich abrufbar. Jeder Flyer behandelt ein Thema kurz & knackig:

- ***Vorderseite:** leicht verständliche Erklärungen*
- ***Innenteil:** gelöste Beispiele zum Nachvollziehen sowie Aufgaben zum Selberlösen*
- ***Rückseite:** Lösungen*

88 Seiten

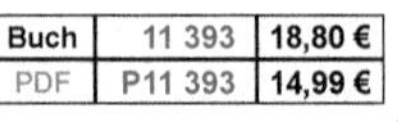

			PDF-Schullizenz
Buch	11 393	18,80 €	
PDF	P11 393	14,99 €	60,- €

FÖ

5 6

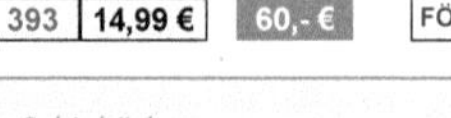

Andrea Schinhärl

Der innovative Dyskalkulietrainer

Schnelle Soforthilfe bei Dyskalkulie

NEU

Die Übungseinheiten widmen sich den größten Problemfeldern des Rechnens. Ein Abschlusstest reflektiert das Gelernte. Die Kopiervorlagen sind auch zum häuslichen Üben oder für Trainingseinheiten im Regelunterricht geeignet.

*NEU: Der **Band 2** ist die konsequente Fortführung mit vielen neuen praxiserprobten Übungen.*

76/88 Seiten

FÖ INK

Band 1	Buch	10 870	18,80 €
	PDF	P10 870	14,99 €
Band 2	Buch	12 313	20,80 €
	PDF	P12 313	16,49 €

PDF-Schullizenz (je Band) 60,- / 66,- €

5 6 7 8

Birgit Brandenburg & Armin Weinfurter

Bildungsstandard Mathematik

Was 12- bzw. 14-Jährige wissen & können sollten!

*Die Bildungsstandards geben Aufschluss und Sicherheit, denn mit diesem Lernprojekt lässt sich eine unabhängige und sehr effektive Lernzielkontrolle für Lehrer, Eltern und Schüler durchführen! Jeder Band enthält **32 Tests** mit verschiedenen Übungen aus den diversen Mathematikbereichen.*

44/64 Seiten

				Schullizenz (je Band)
6. Klasse	Buch	11 221	15,80 €	
	PDF	P11 221	12,49 €	50,- €
8. Klasse	Buch	10 760	14,80 €	
	PDF	P10 760	11,99 €	48,- €

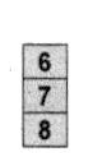

6 7 8

Hans-J. Schmidt & J. Blum

Mathe-Kompetenzen *auffrischen*

Wissenslücken finden und schnell schließen

Besonders zu Schuljahresbeginn tun sich oft eklatante Wissenslücken auf, die nicht nur die Mathe- sondern auch die Physik- und Chemielehrer beklagen ... Hier wird in konzentrierter Form der Stoff vergangener Jahre aufgegriffen. Die Schüler werden auf den gleichen Wissensstand gebracht. Gezielt eingesetzt können sie helfen, vergessenes Wissen wieder zurückzurufen. Darüber hinaus dienen einige Arbeitsblätter auch zur Vorbereitung auf Einstellungstests.

96 Seiten

			PDF-Schullizenz
Buch	11 902	21,80 €	
PDF	P11 902	17,49 €	70,- €

8 9 10

Heiko Drube, Irina Huber-Dick & Georg Krämer

Topfit für die Prüfung - MATHEMATIK

Vorbereitung auf die Abschlussprüfungen (Süd)

Durch konsequente und regelmäßige Übungsleistung werden die wichtigsten Grundkompetenzen für das Abschlussfach Mathe wiederholt und gefestigt. Jede Ausgabe enthält Arbeiten im Stil der typischen Abschlussprüfungen, damit sich die Schüler optimal auf die Prüfungssituation vorbereiten können.

92/108 Seiten

BF

				Schullizenz (je Band)
HS (Süd)	Buch	10 934	19,80 €	
	PDF	P10 934	15,99 €	64,- €
RS (Süd)	Buch	11 051	20,80 €	
	PDF	P11 051	16,49 €	66,- €

8 9 10

Friedhelm Heitmann

Statistik & Wahrscheinlichkeitsrechnung

... kinderleicht erlernen

Es gibt einen ersten Teil mit dem Schwerpunkt Statistik und einen z ten Teil, der sich mit der Wahrscheinlichkeitsrechnung befasst. Die Aufgaben sind in unterschiedlichen Niveaustufen und so auch für die gezielte Förderung lernschwächerer Schüler geeignet.

80 Seiten

			PDF-Schullizenz
Buch	11 661	18,80 €	
PDF	P11 661	14,99 €	60,- €

Hans-J. Schmidt

Stationenlernen Wahrscheinlichkeitsrechnu

Handlungsorientiertes Material für heterogene Lerngruppen. Versc dene Niveaustufen unterstützen die Differenzierung. Zufallsgeräte Modelle können mit den Vorlagen selbst gebastelt werden und mac Mathematik im wahrsten Sinne des Wortes „begreifbar". Mit Tipp-karten zur Selbsthilfe oder zum Experteneinsatz und ausführlichen Lösungen.

120 Seiten

			PDF-Schullizenz
Buch	11 659	22,80 €	
PDF	P11 659	18,49 €	74,- €

Andreas Rabe

Achsenzeichen xy-ungelöst

Funktionale Aufgaben aus dem Alltag

*Die **offenen** und **geschlossenen Aufgaben** helfen beim Aufbau e grundlegenden Funktionsverständnisses. Dabei orientieren sich die gaben stets an realitätsnahen bzw. anwendungsorientierten Problem ationen. Die Problemstellungen sind überwiegend offen gestaltet, die Qualität des Lerneffektes ist hoch.*

40 Seiten

			PDF-Schullizenz
Buch	10 746	11,80 €	
PDF	P10 746	9,49 €	38,- €

Stefan Lamm

Potenzen & Wurzeln ... kinderleicht erlerne

Das komplexe Themengebiet der Potenz- und Wurzelrechnung schrittweise erklärt und wird mit zahlreichen Aufgaben geübt. Zu Rechenregel stehen Übungen in drei Niveaustufen zur Verfügung. durch wird der Umgang mit diesen komplexen Rechnungen kinderl erlernbar.

40 Seiten

			PDF-Schullizenz
Buch	11 832	14,80 €	
PDF	P11 832	11,99 €	48,- €

Tobias Vonderlehr

Polynomdivison & Substitution

Die Vorgehensweise wird anhand einer ausführlichen Beispielaufgab läutert, die auch als Grundlage für Referate oder zur Selbsterschlie unterrichtlich genutzt werden kann. Im Anschluss werden Aufgabe Verfahrenseinübung angeboten.

48 Seiten

			PDF-Schullizenz
Buch	12 012	14,80 €	
PDF	P12 012	11,99 €	48,- €

Hans-J. Schmidt

Mathe – früher & heute

Historische mathematische Verfahren werden vorgestellt, die dazu tivieren, weitestgehend Lösungen eigenständig zu finden. Eratosth von Kyrene und der Erdumfang oder Gauß und seine Formel zur Be mung des Osterdatums oder Monte Carlo mit der Kreiszahl PI ...

112 Seiten

			PDF-Schullizenz
Buch	11 895	21,80 €	
PDF	P11 895	17,49 €	70,- €

BF

Friedhelm Heitmann

NE

Elementare Algebra

Der Band ermöglicht eine grundlegende, kleins tige Einführung in die elementare Algebra. Es gel Terme mit Variablen. Dabei werden die Durchfüh der Grundrechenarten von Termen mit Variablen s das Potenzieren solcher Rechenausdrücke behar Außerdem erfolgt ein kurzer Einstieg in die Wu rechnung. Die meisten Seiten sind folgenderm gestaltet: Nach der Überschrift wird das jeweilige terthema verständlich erklärt. Normalerweise we anschließend 3 Aufgaben vorgerechnet. Sodann es für die Schüler(innen), vorgegebene Aufgabe bewältigen. Erworbene Kenntnisse gilt es u.a. au Textaufgaben anzuwenden. Zur Lernerfolgskon hält der Band 2 Arbeiten/Tests und 1 Quiz bereit.

68 Seiten

			PDF-Schullizenz
Buch	12 314	18,80 €	
PDF	P12 314	14,99 €	60,- €